全国职业院校学前教育专业教材

幼儿心理学基础

习题册

张海丽　主编

中国劳动社会保障出版社

简　介

本习题册与《幼儿心理学基础》配套使用。习题册按照教材章节顺序编写，包括名词解释、单项选择题、填空题、判断题、简答题、论述题、案例分析题等，题型丰富，供学生课后练习使用。

本习题册由张海丽任主编，陈燕、李佩琳参加编写。

图书在版编目（CIP）数据

幼儿心理学基础习题册 / 张海丽主编 . -- 北京：中国劳动社会保障出版社，2020
全国职业院校学前教育专业教材
ISBN 978-7-5167-4486-4

Ⅰ. ①幼…　Ⅱ. ①张…　Ⅲ. ①婴幼儿心理学 – 高等职业教育 – 习题集　Ⅳ. ① B844.12–44

中国版本图书馆 CIP 数据核字（2020）第 109126 号

中国劳动社会保障出版社出版发行

（北京市惠新东街 1 号　邮政编码：100029）

*

北京市艺辉印刷有限公司印刷装订　　新华书店经销

787 毫米 × 1092 毫米　16 开本　6 印张　103 千字

2020 年 7 月第 1 版　　2022 年12月第 4 次印刷

定价：12.00 元

营销中心电话：400-606-6496

出版社网址：http://www.class.com.cn

http://jg.class.com.cn

目　录

第一章　幼儿心理基础知识

第一节　心理及幼儿心理学

一、名词解释

1. 心理

2. 幼儿心理学

二、单项选择题

1. “看见”“听到”“想象”“思考”是（　　）。

A. 心理过程　B. 心理状态　C. 个性特征　D. 能力倾向

2.（　　）不属于独立的心理现象。

A. 记忆　B. 注意　C. 思维　D. 想象

3.（　　）指人在认识事物时产生的各种内心体验。

A. 情感过程　B. 认知过程　C. 自然过程　D. 注意

4. 智力因素不包括（　　）。

A. 记忆　B. 思维　C. 想象　D. 意志

5. 心理学家将情绪、意志、气质、性格等称为（　　）。

A. 智力因素　B. 非智力因素　C. 认知过程　D. 个性心理

6. 个性心理特征包括（　　）。

A. 认知过程、情感过程和注意过程　B. 能力、气质和性格

C. 感知觉、记忆、想象、思维　D. 心理过程、心理状态、能力倾向

7. 同一个年龄班的幼儿，面对同一个自己喜爱的新玩具，表现各不相同，这是因为（　　）的差异。

A. 认知过程　B. 意志过程　C. 情感过程　D. 个性心理

8. 心理是（　　）的机能。

A. 神经系统　B. 心脏　C. 人脑　D. 小脑

9. 心理是人脑对（　　）。

A. 客观现实像镜子一样的反映　B. 客观现实被动的反映

C. 客观现实能动的反映　D. 客观现实原原本本的反映

10. 下列选项错误的是（　　）。

A. 幼儿是发展中的人　B. 幼儿是完整的人

C. 幼儿是成人的缩小版　D. 幼儿具有和成人一样的人格和尊严

三、填空题

1. 心理包括________和________两个方面。

2. 心理活动过程包括________过程、________过程和意志过程三部分。

3. 心理学上将每个人的心理活动都呈现与众不同的个人色彩的现象称为________或________。

4. 人们的心理活动总是围绕着周围的环境与生活这些________而展开。

5. 幼儿心理学研究幼儿期各种心理现象所表现的________。

四、判断题

1. 人在清醒时，时时刻刻都有心理活动。（　　）

2. 感觉、知觉属于个性心理特征。（　　）

3. 人有了大脑就有心理现象。（　　）

4. 因为人的主观能动性的存在，才使每个个体得以呈现不同的个性心理特征。（　　）

5. 幼儿教师学好幼儿心理学，可以避免工作中的盲目性。 （ ）

五、简答题

1. 心理的本质是什么？

2. 学习幼儿心理学的意义有哪些？

六、案例分析题

1920 年，在印度西北部的山区，当地人发现两个“狼孩”。当两个“狼孩”回到人类社会后，仍用四肢行走，膝盖着地，用嘴舔地面上的水；不肯穿衣服，怕强光，深夜嚎叫。其中一个名叫卡玛拉的女孩大约七八岁，其智力仅相当于人类六个月婴儿的智力水平。

请从心理学的角度分析这一事例说明了什么。

第二节　幼儿心理发展的影响因素

一、名词解释

1. 生理成熟

2. 环境

3. 教育

二、单项选择题

1. 影响幼儿心理发展的生物因素是遗传因素和（　　）。

A. 生理成熟　　B. 家庭因素　　C. 环境因素　　D. 教育因素

2.（　　）的个别差异为幼儿心理发展的个别差异提供了最初的可能性。

A. 遗传素质　　B. 生理成熟　　C. 社会生活环境　　D. 教育

3. 双生子爬楼梯实验是美国心理学家（　　）做的。

A. 华生　　B. 格赛尔　　C. 皮亚杰　　D. 班杜拉

4. 双生子爬楼梯实验说明了幼儿心理发展过程中（　　）的作用。

A. 遗传素质　　B. 家庭教育　　C. 文化环境　　D. 生理成熟

5. “孟母三迁”的故事说明，影响个体成长的重要因素是（　　）。

A. 环境　　B. 邻居　　C. 母亲　　D. 成熟

6.（　　）包括社会的生产力发展水平、社会制度、家庭状况、社会氛围等。

A. 自然环境　　B. 社会环境　　C. 内部环境　　D. 外部环境

7. 生活在大山深处由狼哺育长大的“狼孩”，影响他心理发展的主要因素是（　　）。

A. 遗传　　B. 家庭　　C. 环境　　D. 教育

8.（　　）是幼儿心理发展的决定性因素。

A. 遗传素质　　B. 生理成熟　　C. 环境和教育　　D. 生物因素

9. 幼儿心理的内部矛盾是幼儿心理发展的（　　）。

A. 外部原因　　B. 根本原因　　C. 客观原因　　D. 主客观原因

10. 幼儿心理本身内部的因素是幼儿心理发展的（　　）。

A. 根本原因　　B. 内部原因　　C. 客观原因　　D. 外部原因

三、填空题

1. ________是心理发展的物质前提。

2. ________使遗传和生理成熟所提供的心理发展的可能性变为现实。

3. ________提供个体生存所需要的物质条件，如空气、阳光、水分、养料等。

4. ________跟一般的社会生活条件或环境影响不同，它是一种有目的、有计划、有系统的影响。

5. 幼儿心理的内部矛盾可以概括为两个方面，即________和________。

四、判断题

1. 生理成熟为幼儿的身心发展提供了物质前提。（　　）

2. 遗传素质是幼儿心理发展的决定性因素。（　　）

3. 社会因素对幼儿心理发展的影响体现在环境和教育上。（　　）

4. 环境和教育制约个体心理发展的水平和方向。（　　）

5. 幼儿年龄越大，主观因素对其心理发展的作用越不明显。（　　）

五、简答题

1. 影响幼儿心理发展的客观因素有哪些？

2. 遗传因素在幼儿心理发展中的作用有哪些？

3. 社会因素对幼儿心理发展的影响具体表现在哪些方面？

4. 为什么说幼儿心理的内部矛盾是推动幼儿心理发展的根本原因？

六、案例分析题

小宝的爸爸妈妈都是大学教授。在小宝 4 岁的时候，有人说，遗传了这么优秀的基因，小宝以后一定会非常优秀；也有人说，小宝以后的发展关键还是看父母的教育及后天环境的影响，和遗传没有什么关系；还有人说，对于小宝的发展，环境和遗传同等重要。

请根据所学理论简要评析案例中的三种观点。

第三节　幼儿心理发展的阶段性

一、名词解释

1. 幼儿心理发展的年龄特征

2. 幼儿心理发展的关键期

二、单项选择题

1. 幼儿心理学中，学前期又称（　　）。

A. 幼儿期　　B. 幼儿早期　　C. 幼儿初期　　D. 幼儿中期

2. 现行幼儿园的体制大多数是按幼儿的（　　）分班。

A. 心理年龄　　B. 实际年龄　　C. 智力年龄　　D. 知识经验

3. 百年前和几十年前儿童心理学研究所揭示的儿童心理发展年龄特征的基本特点，至今仍适用于当代儿童，这说明儿童心理发展具有（　　）。

A. 延续性　　B. 多变性　　C. 稳定性　　D. 可变性

4. 人们常常说现在的孩子比过去的孩子聪明，这说明幼儿心理发展具有（　　）。

A. 延续性　　B. 多变性　　C. 稳定性　　D. 可变性

5. “3 岁看大，7 岁看老”这句俗语反映了幼儿心理活动（　　）。

A. 整体性的形成　　B. 独特性的发展

C. 稳定性的增长　　D. 积极能动性的发展

6. 幼儿心理发展趋势和顺序（　　）。

A. 没有规律　　B. 随着个体不同而不同

C. 大致相同　　D. 有时相同，有时不同

7. 幼儿心理年龄特征之所以是可变的，其主要原因是幼儿心理年龄特征的发展

（　　）。

A. 受社会和教育条件所制约　　B. 受遗传素质影响

C. 受内因所制约　　D. 受智力发展影响

8. 下列属于 5 ~ 6 岁幼儿心理特征的是（　　）。

A. 认识依靠行动　　B. 开始掌握认知方法

C. 开始接受任务　　D. 有最初步的生活自理能力

9. “规则意识刚刚萌芽，是非观念较模糊”是（　　）幼儿心理的主要特征。

A. 2 ~ 3 岁　　B. 3 ~ 4 岁　　C. 4 ~ 5 岁　　D. 5 ~ 6 岁

10. 一个时期内，幼儿手里总爱紧紧攥着一些小东西，越小的东西越吸引他们，此时幼儿处于（　　）。

A. 秩序敏感期　　B. 感官敏感期

C. 对细微事物感兴趣的敏感期　　D. 动作敏感期

三、填空题

1. 狭义的学前期等同于________，指的是________岁的幼儿；而广义的学前期则指的是________岁的婴幼儿。

2. 幼儿心理发展的年龄特征具有________性和________性。

3. “关键期”的概念是由奥地利动物心理学家________提出来的。

4. 世界著名的儿童教育家________在长期与儿童的相处中，对其进行了大量观察与研究，提出了敏感期的原理并归纳出________种敏感期。

5. 动作敏感期分为两大重要内容：一个是________，即大肌肉动作的发育；另一个是________，即精细动作的发育。

四、判断题

1. 年龄决定幼儿心理的发展。（　　）

2. 情绪性强是整个幼儿期幼儿的特点，年龄越大越突出。（　　）

3. 5 ~ 6 岁幼儿的心理活动已经开始形成系统。（　　）

4. 手的动作敏感期是 1 ~ 2 岁。（　　）

5. 世界著名的幼儿教育家蒙台梭利认为每个幼儿经历敏感期的过程序列与时间是相同的。（　　）

五、简答题

1. 3 ～ 4 岁幼儿的心理特征有哪些？

2. 4 ～ 5 岁幼儿的心理特征有哪些？

3. 5 ～ 6 岁幼儿的心理特征有哪些？

4. 幼儿心理发展中的关键期有哪些？

六、案例分析题

一位母亲和她两岁半的宝宝一起搭积木，最后收积木的时候这位母亲没有像往常那样将积木摆放好，而是随意地堆在盒子里，宝宝就哭闹着不愿意，非要全部倒出来重新摆放。

请用学习过的知识，分析案例中宝宝产生此行为的原因。

第二章　幼儿的注意

第一节　注意概述

一、名词解释

1. 注意

2. 无意注意

3. 有意注意

4. 有意后注意

二、单项选择题

1. 某幼儿一进商场就被漂亮的玩具吸引，该幼儿在此刻出现的心理现象是（　　）。

A. 注意　　B. 想象　　C. 需要　　D. 思维

2. 在心理学中，注意是一种（　　）。

A. 独立的心理过程　　B. 认识风格

C. 心理现象　　D. 个性特征

3. “聚精会神”“仔细”描写的主要是注意的（　）特点。

A. 指向性　　B. 集中性　　C. 清晰性　　D. 鲜明性

4. 注意是感知觉的（　　）。

A. 开端　　B. 条件　　C. 发展　　D. 目的

5. 天空中飞机的轰鸣声引起幼儿不由自主的注意，这是（　）。

A. 有意注意　　B. 无意注意

C. 有意注意和无意注意两者均有　　D. 选择性注意

6. 当教室中一片喧哗时，教师突然放低声音或停止说话会引起幼儿的注意，这是（　　）。

A. 刺激物的物理特性引起幼儿的无意注意

B. 与幼儿的需要关系密切的刺激物引起幼儿的无意注意

C. 在成人的组织和引导下引起幼儿的有意注意

D. 利用活动引起幼儿的有意注意

7. 窃窃私语发生在安静的教室容易引起人们的注意，这体现的是（　　）。

A. 刺激物之间的对比关系　　B. 刺激物的活动和变化

C. 刺激物的强度　　D. 刺激物的新异性

8. “鹤立鸡群”中的鹤容易引人注目，这体现的是（　　）。

A. 刺激物之间的对比关系　　B. 刺激物的活动和变化

C. 刺激物的强度　　D. 刺激物的新异性

9. 幼儿不受窗外其他幼儿玩耍时发出笑声影响，努力控制自己，专心做功课，这体现的是幼儿的（　　）。

A. 有意注意　　B. 无意注意

C. 有意注意和无意注意　　D. 选择性注意

10. “目不转睛”是注意的（　　）的外部表现。

A. 呼吸变化　　B. 无关运动停止

C. 适应性运动　　D. 以上都不是

三、填空题

1. 注意的特点是________和________。

2. 注意的________是指人在清醒的每一瞬间，心理活动总是有选择地倾注于某些事物，同时忽略其他的事物。

3. 注意的________是指心理活动不仅选择了某一事物，而且会全神贯注于这一事物，以确保所选择的对象在其头脑中获得清晰的反映。

4. 无意注意也称________，有意注意也称________。

5. 任何心理活动的开始和进行都离不开________。

四、判断题

1. 注意使心理活动处于积极状态，能够提高心理活动的效率。 (　　)

2. 无意注意是一种主动的注意。 (　　)

3. 有意后注意没有自觉的目的。 (　　)

4. 注意的外部表现一定与内部状态一致。 (　　)

5. 幼儿注意的外部表现比较明显。 (　　)

五、简答题

1. 注意的种类有哪些？

2. 产生无意注意的原因有哪些？

3. 培养有意后注意需要的条件有哪些？

4. 注意的外部表现有哪些？

5. 注意是一种独立的心理过程吗？为什么？

第二节　幼儿注意的培养

一、名词解释

1. 注意的稳定性

2. 注意的广度

3. 注意的转移

4. 注意的分配

二、单项选择题

1. 就幼儿注意发生的先后顺序来说，(　　)。

A. 有意注意在先　　B. 无意注意在先

C. 有意后注意在先　　D. 无所谓先后

2. 下列选项中，关于幼儿注意的发展，正确的说法是(　　)。

A. 无意注意随年龄的增长而占据越来越重要的地位

B. 有意注意的发展先于无意注意的发展

C. 幼儿注意的广度比较宽

D. 注意的稳定性随年龄增长而增长

3. 幼儿从事一项活动能够善始善终，说明他的注意具有很好的(　　)。

A. 广度　　B. 稳定性　　C. 分配能力　　D. 范围

4. 小班集体教学活动一般都安排 15 分钟左右，是因为小班幼儿有意注意时间一般是(　　)。

A. 20 ~ 25 分钟　　B. 3 ~ 5 分钟　　C. 15 ~ 18 分钟　　D. 10 ~ 11 分钟

5. 中班幼儿有意注意的时间可达（　　）。

A. 30 分钟左右　B. 5 分钟左右　C. 20 分钟左右　D. 10 分钟左右

6. “一目十行”“眼观六路、耳听八方”反映的是注意的（　　）。

A. 广度　B. 稳定性　C. 选择　D. 分配

7. 幼儿正在教室里画画，窗外传来鸟叫声，幼儿不由自主地探头去看，这种现象属于（　　）。

A. 注意的转移　B. 注意的分配　C. 注意的分散　D. 注意的广度

8. 幼儿可以边唱歌边做动作，或者边搭积木边聊天，这种现象属于（　　）。

A. 注意的稳定性　B. 注意的广度　C. 注意的转移　D. 注意的分配

9. 幼儿在绘画时常常顾此失彼，说明幼儿注意的（　　）较差。

A. 广度　B. 稳定性　C. 分配能力　D. 范围

10. 教育教学方式的多样性和新颖性有助于提高幼儿注意的（　　）。

A. 稳定性　B. 广度　C. 转移　D. 分配

三、填空题

1. 注意的分散与注意的转移是不同的概念，________是被动的，是由无关刺激的干扰引起的。

2. 发展幼儿注意的中心问题，就是把幼儿的注意逐渐地由________转为________。

3. ________是幼儿的主要学习形式。

4. 兴趣是产生和保持注意的主要条件，通常把兴趣分为________和________。

5. 形成稳定的间接兴趣，对引起和保持________非常重要。

四、判断题

1. 教师出示一张积木示范图，让幼儿边看图边听讲解，有些幼儿一边听一边照着示范图学着摆，这反映了这些幼儿注意不稳定、易分心。（　　）

2. 幼儿的知识、经验水平影响幼儿注意的范围。（　　）

3. 教师在班上用眼一扫，便知道哪些幼儿在哪些幼儿不在，这说明这位教师注意分配的能力较强。（　　）

4. 幼儿画画时突然又玩起了手中的彩笔，这是幼儿注意转移的表现。（　　）

5. 幼儿对活动越熟悉，幼儿注意的分配能力就越强。（　　）

五、简答题

1. 幼儿注意发展的主要特征有哪些?

2. 注意的品质有哪些?

3. 幼儿注意的培养方法有哪些?

4. 怎样防止幼儿注意的分散?

5. 怎样合理组织幼儿活动?

六、案例分析题

某教师组织小班幼儿开展诗歌活动“芭蕉扇”，既没有准备直观的教具，也没有留出幼儿动手操作的时间，而是一遍又一遍地教幼儿朗诵诗歌。许多幼儿很快就坐不住了，有的幼儿开始与其他幼儿打闹，有的幼儿表现出反感的情绪。

案例中幼儿的表现反映了幼儿注意的哪种品质？请分析幼儿出现上述状况的原因。如果你是该教师，你会如何组织这次诗歌活动？

第三章　幼儿的感知觉

第一节　感觉和知觉概述

一、名词解释

1. 感觉

2. 知觉

3. 物体知觉

4. 社会知觉

二、单项选择题

1. 人最早出现的认识过程是（　　）。

A. 感觉和知觉　　B. 感觉和记忆　　C. 知觉和记忆　　D. 记忆和想象

2. 幼儿教师上课说话时应轻声细语，不要高声喊叫，以免影响幼儿的感受力，这反映的是感觉的（　　）特性。

A. 适应　　B. 对比　　C. 训练　　D. 相互作用

3. “入芝兰之室，久而不闻其香”描述的是（　　）。

A. 适应现象　　B. 听觉适应　　C. 嗅觉刺激　　D. 味觉刺激

4. 人由暗处到亮处，特别是到强光处，最初一瞬间会感到光线刺眼发眩，几乎看不清外界物体，几秒钟之后才能逐渐看清物体。这种对光的感受性下降的变化现象称为（　　）。

A. 暗适应　　B. 明适应　　C. 不适应　　D. 知觉适应

5. 从亮处到暗处，人眼开始时看不见周围的东西，经过一段时间后才能逐渐区分出物体。人眼这种感受性逐渐提高的过程叫（　　）。

A. 明适应　　B. 光适应　　C. 暗适应　　D. 不适应

6. 人们吃过糖以后再吃橘子，会感到橘子很酸，这种现象属于（　　）。

A. 感觉适应　　B. 感觉先后对比　　C. 感觉同时对比　　D. 感觉相互作用

7. 幼儿看到一个菠萝时，所说的话中直接体现“知觉”活动的是（　　）。

A. “真香 ”　　B. “我要吃”　　C. “这是什么”　　D. “这儿有个菠萝”

8. 双关图是知觉（　　）中的现象。

A. 选择性　　B. 整体性　　C. 恒常性　　D. 理解性

9. 把煤放在日光下，把白粉笔放在阴影里，尽管前者反射的光比后者更多，但看起来依然是煤较黑粉笔较亮，这反映的是（　　）。

A. 知觉的理解性　　B. 知觉的选择性

C. 颜色的恒常性　　D. 知觉的组织性

10. 同一物体在视网膜上形成的视角大小，总是随着物体距离的远近而变化。但是由于知识经验参与，人仍然对不同距离的物体的大小知觉保持相对稳定不变，这种知觉特征称为（　　）。

A. 知觉的恒常性　　B. 知觉的理解性

C. 大小的恒常性　　D. 距离的恒常性

三、填空题

1. 根据刺激的来源不同，可以把感觉分为________和________。

2. 内部感觉包括________、平衡觉和________。

3. 同一分析器的各种感觉会因彼此相互作用而使感受性发生变化，这种现象叫________，分为________和________两种。

4. 知觉的理解性是指在知觉过程中，人用过去获得的有关________对感知对象进行加工理解。

5. 在________中，知觉的恒常性十分明显。

四、判断题

1. 当人的感觉被剥夺或感知觉缺损不能正常感知时，人的心理就会出现异常，人会出现严重的心理障碍甚至难以生存。 (　　)

2. 适应是在刺激物持续作用下引起感受性改变的现象。 (　　)

3. “月明星稀”是感觉的先后对比现象。 (　　)

4. 感觉和知觉有区别但没有联系。 (　　)

5. 感觉是知觉的基础，知觉是感觉的深入和发展。 (　　)

五、简答题

1. 感受性变化的规律有哪些？

2. 知觉的基本特性有哪些？

六、论述题

感觉与知觉的区别和联系有哪些？

第二节　幼儿感知觉的发展

一、名词解释

1. 视觉敏锐度

2. 重听

3. 方位知觉

4. 时间知觉

二、单项选择题

1. 幼儿教师在教学和游戏中，注意指导幼儿掌握明确的颜色（　　）。

A. 名称　　B. 明度　　C. 色调　　D. 饱和度

2. 幼儿最初能够辨认的颜色不包括（　　）。

A. 红色　　B. 绿色　　C. 蓝色　　D. 紫色

3. 幼儿听觉感受性的特点是（　　）。

A. 没有听觉　　B. 听觉的个别差异小

C. 听觉的个别差异大　　D. 听觉没有差异

4. 在空间知觉中，对物体属性的知觉不包括（　　）。

A. 方位知觉　　B. 形状知觉　　C. 距离知觉　　D. 颜色知觉

5. 幼儿方位知觉的发展顺序是（　　）。

A. 前后、上下、左右　　B. 左右、上下、前后

C. 上下、前后、左右　　D. 上下、左右、前后

6. 幼儿开始能以自身为中心辨别左右是在（　　）。

A. 3 岁　　B. 4 岁　　C. 5 岁　　D. 7 岁

7. 由于幼儿是以自我为中心辨别左右方向的，幼儿教师在动作示范时应该（　　）。

A. 背对幼儿，采用镜面示范　　B. 面对幼儿，采用镜面示范

C. 面对幼儿，采用正常示范　　D. 背对幼儿，采用正常示范

8. 幼儿对不同几何图形辨别的困难程度由难到易是（　　）。

A. 半圆形—圆形—三角形—正方形

B. 正方形—长方形—梯形—菱形

C. 椭圆形—半圆形—三角形—圆形

D. 圆形—半圆形—正方形—三角形

9. “视觉悬崖”可以测查婴幼儿的（　　）。

A. 距离知觉　　B. 方位知觉　　C. 时间知觉　　D. 形状知觉

10. 某幼儿能够依靠生活作息制度来认识时间，如“下午是午睡起来以后”，说明该幼儿（　　）。

A. 根据日夜和季节变化来对时间定向

B. 依靠生理变化产生对时间的条件反射

C. 能够对持续时间进行估计

D. 有了与具体事物和事件相联系的时间知觉

三、填空题

1. ________岁是视觉敏锐度发展的转折期。

2. 听觉的________是指分辨最小声音的能力。

3. 听觉的________是指分辨不同声音最小差别的能力。

4. 幼儿最易辨认的形状是________。

5. ________是肤觉和运动觉的联合。

四、判断题

1. 幼儿年龄越小视力越好。（　　）

2. 教师要让幼儿在较强的光线下看书。（　　）

3. 幼儿的听觉感受性是相同的。（　　）

4. 空间知觉是一种比较复杂的知觉，是视觉、听觉、运动觉等多种分析器联合活动的结果。（　　）

5. 幼儿不熟悉“近物大，远物小”等感知距离的视觉信号，所以幼儿画的物体没有远近大小的区分。（　　）

五、简答题

1. 幼儿颜色视觉的发展特点有哪些？

2. 幼儿方位知觉发展的顺序是什么？

3. 幼儿形状知觉发展的顺序是什么？

4. 幼儿时间知觉的发展特点有哪些？

六、案例分析题

要求幼儿辨别三角形和正方形时，教师往往让幼儿边看边用手沿着三角形和正方形的边缘摸它们的轮廓，同时每次摸到拐角处的时候要求幼儿说出角的数量，如一个角、两个角等，这样的活动安排效果往往比较好。

请分析案例中教师这样做的原因。

第三节　幼儿感知觉的特性与幼儿教育

一、名词解释

1. 知觉的理解性

2. 知觉的恒常性

3. 观察

二、单项选择题

1. 教师在组织幼儿进入较暗的场所时，要让幼儿稍稍停留一下再行动，以免发生碰撞，这是利用了感觉（　　）的规律。

A. 相互作用　B. 适应　C. 对比　D. 发展性

2. 白底贴绒教具上面贴黑色的图形很突出，贴淡黄色的图形不鲜明，这反映的是感觉的（　　）现象。

A. 适应　B. 相互作用　C. 对比　D. 敏感化

3. 下列选项中，说法不正确的是（　　）。

A. 为了提高幼儿的观察力水平，可以让幼儿从绿草中寻找青蛙

B. 教学指示棒与直观教具的颜色要尽量接近

C. 对象与背景的差别越大，对象越容易从背景中区分出来

D. 教师讲课的声调应有抑扬顿挫

4. 幼儿观察的发展，没有表现在观察的（　　）等方面。

A. 目的性　B. 观察方法　C. 直观性　D. 概括性

5. 某幼儿初期不能接受观察任务，东张西望或任意乱指，说明该幼儿（　　）这项观察品质发展较差。

A. 目的性　B. 持续性　C. 细致性　D. 概括性

6. 有的幼儿在观察时，能够依据观察的任务，自觉地克服困难和干扰进行观察，这说明他们观察的（　　）

A. 持续性延长　B. 目的性增强　C. 细致性增加　D. 概括性提高

7. 6 岁左右的幼儿往往会把“工”和“土”、“n”和“m”等形近的字或字母混淆，说明其观察过程（　　）。

A. 目的性不够明确　B. 观察缺乏持续性

C. 观察不够细致　D. 观察的概括性水平低

8. 中晚期幼儿能从事物的大小、形状、颜色等各方面进行观察，不再遗漏主要部分，这说明幼儿（　　）在逐渐完善。

A. 观察的目的性　B. 观察的持续性

C. 观察的细致性　D. 观察的概括性

9. 中晚期幼儿能够获得事物各个部分及各部分之间关系的比较完整系统的印象，这说明幼儿（　　）在逐渐完善。

A. 观察的目的性　B. 观察的持续性

C. 观察的细致性　D. 观察的概括性

10. 在指导幼儿观察绘画时，“(　　)”这句指导语易把幼儿的观察引向观察个别事物。

A. 图上有些什么呢　　B. 图上的小松鼠在做什么呢

C. 这张图告诉我们一件什么事呢　　D. 图上讲的是什么故事呢

三、填空题

1. 在幼儿园中，教师上课时说话的音量要________，以免影响幼儿的感受力。

2. 给幼儿播放音乐时音量不宜过大，以免幼儿的________下降，甚至听力受到损伤。

3. 有些直观材料，只让幼儿自己观察幼儿不一定看得清楚，如果加上教师的________，幼儿就能很好地理解。

4. 幼儿的思维常常受________所左右。

5. ________是区分一般感知和观察的重要特点之一。

四、判断题

1. 随着年龄增长，幼儿观察的目的性逐渐加强。(　　)

2. 幼儿对感兴趣的事物观察的时间会长些。(　　)

3. 大班幼儿往往只能看到事物表面、明显的部分。(　　)

4. 小班幼儿观察时能够发现事物的本质特征。(　　)

5. 6 岁幼儿的眼动轨迹已经能够基本符合图形轮廓。(　　)

五、简答题

1. 幼儿观察力的发展主要表现在哪几个方面?

2. 如何培养幼儿的观察力?

六、论述题

依据知觉对象和背景关系的规律，教师在幼儿教育中应注意哪些问题？

七、案例分析题

在一次语言活动中，某教师给幼儿讲“小猫钓鱼”的故事。为了加深幼儿对故事的理解，教师利用玩具猫和鱼作为教具。她边有声有色、抑扬顿挫地讲解故事情节，边演示活动教具，同时伴随相关的轻音乐……

假如你旁听了这节课，请用感知觉规律对这次活动进行分析、评价。

第四章　幼儿的记忆

第一节　记 忆 概 述

一、名词解释

1. 记忆

2. 表象

3. 记忆回涨

4. 遗忘

二、单项选择题

1. 考试的时候，考生在回答选择题时主要运用的是（　　）。

A. 回忆　　B. 识记　　C. 保持　　D. 再认

2. 考试的时候，考生在回答简答题时主要运用的是（　　）。

A. 回忆　　B. 识记　　C. 保持　　D. 再认

3. 把记忆的材料保存在头脑中的环节是（　　）。

A. 再认　　B. 再现　　C. 保持　　D. 识记

4. 六一儿童节联欢活动的情景一直在幼儿脑海中浮现，这主要是（　　）。

A. 情绪记忆、形象记忆　　B. 运动记忆、语词记忆

C. 形象记忆、运动记忆　　D. 情绪记忆、语词记忆

5. 幼儿可以完整地把广播体操做下来，依靠的是（　　）。

A. 形象记忆　　B. 情绪记忆　　C. 运动记忆　　D. 语词记忆

6. 人类短时记忆的广度为（　　）。

A. 5 ± 2 个信息单位　　B. 7 ± 2 个信息单位

C. 6 ± 2 个信息单位　　D. 8 ± 2 个信息单位

7. 一个人学会骑自行车，很多年不骑也不会忘记，这种记忆是（　　）。

A. 情境记忆　　B. 程序性记忆　　C. 陈述性记忆　　D. 外显记忆

8. 艾宾浩斯的遗忘曲线表明，遗忘过程在学习后（　　）内进展最快。

A. 31 天　　B. 6 天　　C. 1 天　　D. 20 分钟

9. 学习过程中有的人可以“过目成诵”，说明他具备良好的（　　）。

A. 记忆的正确性　　B. 记忆的敏捷性

C. 记忆的持久性　　D. 记忆的准备性

10. 有的人尽管经验丰富、学识渊博，但遇到实际问题时却不能运用已有的知识迅速提出解决的办法，其主要原因之一是缺乏记忆的（　　）。

A. 正确性　　B. 敏捷性　　C. 持久性　　D. 准备性

三、填空题

1. 形象记忆是以感知的________为内容的记忆。

2. 表象的特征是形象性、________和________。

3. 有些小学生背诵课文时头脑中有鲜明的书本表象，好像看着书本朗诵一样。这类现象称为________，是部分儿童特有的现象，一般到青年期就会消失。

4. 从遗忘的原因看，遗忘可分为________遗忘和________遗忘。

5. ________首先对遗忘现象做了研究，他的遗忘曲线揭示了遗忘规律，简单地说就是________。

四、判断题

1. 再认和再现没有任何区别。 ( )
2. 人的记忆在生活中往往是多种类型记忆的融合。 ( )
3. 瞬时记忆的信息是未经加工的原始信息。 ( )
4. 只有超过一小时以上的记忆才是长时记忆。 ( )
5. 学龄初期儿童容易发生记忆回涨现象。 ( )

五、简答题

1. 记忆的种类有哪些？

2. 记忆的品质有哪些？

第二节　幼儿记忆的特点和培养

一、名词解释

1. 无意记忆

2. 有意记忆

3. 机械记忆

4. 意义记忆

二、单项选择题

1. 根据幼儿活动的（　　），可以把记忆分为有意记忆和无意记忆。

A. 针对性　　B. 目的性　　C. 集中性　　D. 主动性

2. 幼儿有意记忆一般发生在（　　）。

A. 学前早期　　B. 学前中期　　C. 学前晚期　　D. 以上都不对

3. 随着年龄的增长，幼儿形象记忆和语词记忆的差别（　　）。

A. 不会变化　　B. 不会缩小　　C. 逐渐增大　　D. 逐渐缩小

4. 在不理解的情况下幼儿也能熟练地背诵古诗，这属于（　　）。

A. 意义记忆　　B. 理解记忆　　C. 机械记忆　　D. 逻辑记忆

5. 在幼儿记忆中占主要地位的记忆是（　　）。

A. 运动记忆　　B. 情绪记忆　　C. 形象记忆　　D. 语词记忆

6. 对幼儿使用机械记忆和意义记忆进行比较，是（　　）。

A. 意义记忆使用多　　B. 机械记忆使用多

C. 两者使用都很多　　D. 两者使用都很少

7. 幼儿记忆以无意记忆和（　　）为主。

A. 语言记忆　　B. 机械记忆　　C. 有意记忆　　D. 意义记忆

8. 关于幼儿的记忆，以下选项中说法错误的是（　　）。

A. 幼儿形象记忆的效果优于语词记忆 B. 幼儿无意记忆的效果优于有意记忆

C. 幼儿的机械记忆多于意义记忆　　D. 幼儿记忆的精确性较好

9. 当要求幼儿记住某样东西时，他往往记住的是和这件东西一起出现的其他东西，这种现象叫作（　　）。

A. 记忆回涨　　B. 记忆恢复　　C. 偶发记忆　　D. 幼年健忘

10. 关于幼儿记忆的特征，下列选项描述不正确的是（　　）。

A. 记得快，忘得也快　　B. 容易混淆

C. 语词记忆占优势　　D. 较多运用机械记忆

三、填空题

1. ________记忆是幼儿的主要记忆形式。

2. 幼儿记忆的无意性表现在他们不会运用适当的________来记住某件事情。

3. ________记忆是借助具体形象的识记，________记忆是利用语词进行的间接识记。

4. ________记忆的发生和发展，是幼儿记忆发展过程中最重要的质变。

5. 幼儿记得快，忘得也快。因此，帮助幼儿进行合理的________是十分必要的。

四、判断题

1. 有意记忆比无意记忆好。（　　）

2. 根据对材料的理解程度不同，可将记忆分为机械记忆和意义记忆。（　　）

3. 幼儿记忆的精确性较好。（　　）

4. 小中班的幼儿基本不会使用记忆策略，所以教师不必教他们学习记忆。（　　）

5. 幼儿在记忆过程中要尽量调动多种感官参与。（　　）

五、简答题

1. 幼儿期幼儿的记忆特点有哪些？

2. 培养幼儿记忆的方法有哪些？

六、论述题

如何合理组织幼儿复习？

七、案例分析题

幼儿教师经常发现这种现象：花大力气教幼儿记住的某首儿歌，幼儿未必能完全记牢，但幼儿偶尔听到的某个童谣、看到的某个电视广告，只需一两次他们就能熟记心中。

结合幼儿记忆的这一现象，分析影响幼儿无意记忆的因素。

第五章　幼儿的想象

第一节　想 象 概 述

一、名词解释

1. 想象

2. 无意想象

3. 有意想象

4. 再造想象

5. 创造想象

二、单项选择题

1. 我们看到天上的云，会不自觉地把它想象成蘑菇、大象、羊群等；我们看到窗上的冰霜，会不自觉地把它想象成美丽的树林、陡峭的山峰等。这是（　　）。

A. 有意想象　B. 无意想象　C. 创造想象　D. 再造想象

2.《西游记》中描写的孙悟空的形象属于（　　）。

A. 无意想象　B. 再造想象　C. 创造想象　D. 幻想

3. 把《西游记》拍成电视剧是（　　）。

A. 无意想象　B. 再造想象　C. 创造想象　D. 幻想

4. 幼儿想象的典型形式是（　　）。

A. 随意想象　B. 再造想象　C. 不随意想象　D. 相似想象

5. 幼儿（　　）所形成的新形象，不仅可以是过去未曾感知过的，还可以是现实中不存在甚至是不可能有的形象。

A. 想象　B. 印象　C. 感觉　D. 知觉

6. 幼儿最初的创造想象是（　　）。

A. 无意的自由联想　B. 随意的自由联想

C. 愿望性想象　D. 情境性想象

7. 我们没有经历过原始社会，但通过原始社会遗址、出土文物及考古学家对史料研究的描述，会在头脑中展现出一幅幅原始社会人们生活的场景。在这个过程中，我们使用的想象的主要类型是（　　）。

A. 再造想象　B. 创造想象　C. 理想　D. 幻想

8. 幼儿在想象中常常表露出个人的愿望。例如，大班幼儿文文说：“妈妈，我长大了也想和你一样，当一名老师。”这是一种（　　）。

A. 经验性想象　B. 情境性想象

C. 愿望性想象　D. 拟人化想象

9. 一个小女孩看到“夏景”两个字后，对妈妈说：“小姐姐坐在河边，天热，她想洗澡，她还想洗脸，因为脸上淌汗。”这个小女孩的想象是（　　）。

A. 经验性想象　B. 情境性想象

C. 愿望性想象　D. 拟人化想象

10. 幼儿想象具有再造性，是从（　　）来说的。

A. 想象发生　　B. 想象过程　　C. 想象目的　　D. 想象内容

三、填空题

1. 按照有意性、目的性不同，可以把想象分为________和________；按照创造性、独立性程度不同，可以把想象分为________和________。

2. ________是幼儿高级心理活动开始出现的重要标志。

3. 想象的发生与幼儿________的成熟有关。想象的生理基础是大脑皮质上已经形成的暂时联系进行新的结合。

4. ________是维持幼儿心理健康的重要手段。

5. 想象在幼儿________岁时开始萌芽，主要通过________和________表现出来。

四、判断题

1. 如果人们对于某类事物从来没有感知过，那么在他的头脑中就不可能出现以这类事物作材料的想象。（　　）

2. 不恰当的想象往往会导致心理活动的某些失常。（　　）

3. 通过创造想象，能更完整、准确地去体会别人的经验，理解别人的处境。所谓的“换位思考”就是创造想象。（　　）

4. 凭借创造想象，人们可以超越个人狭隘的经验范围和时空的限制，获得自己不曾感知或无法感知的有关事物的形象。（　　）

5. 创造想象具有独立性、新颖性和创造性。（　　）

五、简答题

1. 幼儿期想象发展特点有哪些表现？

2. 再造想象和创造想象的区别和联系有哪些?

3. 简述幼儿想象夸张的原因。

4. 幼儿想象的无意性主要表现在哪些方面?

六、案例分析题

1. 琪琪上幼儿园中班。一天，她拿起纸和笔画画，画之前她自言自语地说：“我想画小猫咪。”她先画了猫头、猫耳朵，又画了猫眼睛；然后画了条线，说这是草地，在上面画了绿草、小花，接着又画了只小鸡。琪琪边画边说：“哎呀，不像不像！像什么呀？像飞机。”过了一会儿，她又突然想起来：“小猫还没嘴巴呢！也没胡子！”于是琪琪又画了起来。

请认真阅读、分析上述案例，并回答下列问题：

（1）琪琪的画画行为说明幼儿想象的什么特点？简述理由。

（2）如何培养幼儿的有意想象？

2. 幼儿在想象中常常突出事物的某种特征或某个成分。例如，幼儿画一个小孩放风筝，往往会把小孩的胳膊画得很长，甚至超出身体的长度。幼儿说话喜欢夸张，如“我家花开得可大了，像桌子一样大！”

结合案例中的现象，分析幼儿想象夸张的原因。

第二节　幼儿想象的培养

一、单项选择题

1. 一个小女孩听爸爸说这次出国回来要给她买一个芭比娃娃，于是，她到幼儿园对小伙伴说：“我爸爸从国外给我带回一个芭比娃娃，可好玩了。”这是幼儿（　　）的表现。

A. 记忆　　B. 知觉　　C. 想象　　D. 撒谎

2. 幼儿看见小汽车，就要玩开汽车；听见蛙鸣，就要学青蛙跳；拿到雪花积木片，就会想到冬天的漫天风雪；如果没有玩具，幼儿可能呆呆地坐着。这反映了幼儿（　　）。

A. 想象的无意性　B. 相似联想较强　C. 直觉思维较强　D. 想象的有意性

3. 幼儿的绘画中常有这样的情况：在同一幅画中，幼儿会把他感兴趣的东西都画下来，画中有房子、鹿、飞机、降落伞、猫、老鼠和树。这说明幼儿（　　）。

A. 想象的内容零散、无系统性　　B. 想象的主题不稳定

C. 想象受情绪影响　　　　　　　　　D. 以想象过程为满足

4. “老鹰捉小鸡游戏，本应以小鸡被老鹰捉住而告终，可孩子们同情小鸡，让鸡妈妈和鸡爸爸赶来，把老鹰啄死，又救回了小鸡。”这说明幼儿（　　）。

A. 想象的内容零散、无系统性　　　　B. 想象的主题不稳定

C. 想象受情绪影响　　　　　　　　　D. 以想象过程为满足

5. 幼儿画画时，一会儿画树，一会儿画兔子，一会儿又画汽车。这体现出幼儿想象（　　）。

A. 无预定目的　　　　　　　　　　　B. 主题不稳定

C. 内容零散、无系统性　　　　　　　D. 受情绪和兴趣的影响

6. 幼儿经常要求家长一遍又一遍地给他讲同一个故事，这是因为（　　）。

A. 幼儿想象的主题不稳定　　　　　　B. 幼儿以想象的过程为满足

C. 幼儿想象的内容零散、无系统性　　D. 幼儿想象的目的性差

7. 有个孩子很喜欢长颈鹿，有一天他对小伙伴说：“我家有一头真的长颈鹿。”这说明（　　）。

A. 幼儿想象的独特性　　　　　　　　B. 幼儿想象的夸张性

C. 幼儿想象的情绪性　　　　　　　　D. 幼儿想象不受外界刺激的影响

8. 在同一桌上绘画的幼儿，其想象的主题往往雷同，这说明幼儿（　　）。

A. 想象无预定目的，由外界刺激直接引起

B. 想象的主题不确定，想象方向随外界刺激变化而变化

C. 想象的内容零散、无系统性，形象间不能产生联系

D. 以想象的过程为满足，没有目的性

9. 学前儿童想象的主要特点之一是（　　）。

A. 无意想象占主要地位　　　　　　　B. 有意想象占主要地位

C. 创造想象占主要地位　　　　　　　D. 理想占主要地位

10. 幼儿想象的萌芽是在（　　）。

A. 1.5 ~ 2 岁　　B. 1 ~ 1.5 岁　　C. 2 ~ 2.5 岁　　D. 2.5 ~ 3 岁

二、填空题

1. ________认为“大自然、大社会是我们的活教材”。

2. ________是人认识客观事物所必需的认知基础。

3. 创造思维一般可以分为三个方面：________、________和想象。

4. 游戏正是幼儿不断靠________变换着物体的功能，才得以顺利进行。

5. ________是幼儿创造思维发展的核心。

三、判断题

1. 幼儿时期的想象以有意想象为主，无意想象开始发展。 ( )
2. 幼儿想象的一个突出特点是常常脱离现实，或与现实相混淆。 ( )
3. 对于幼儿来说，创造思维的核心就是想象。 ( )
4. 幼儿的主导活动是学习，在学习中，幼儿的想象起着极为重要的作用。 ( )
5. 人们在获取间接认识的过程中，没有想象是无法构建出新形象、新知识的。( )

四、简答题

1. 想象在幼儿心理发展中的作用有哪些？

2. 如何在幼儿园的语言活动中培养幼儿的想象力？

3. 幼儿容易把真实和想象混淆主要表现在哪些方面？

五、案例分析题

某幼儿特别喜欢听古典音乐，也很崇拜音乐家。有一天，他对妈妈说：“今天，肖邦叔叔到我们幼儿园来了，还给我们弹钢琴呢！”妈妈吓了一跳，认为孩子在说谎。

请根据幼儿想象的有关原理，分析案例中幼儿的行为。

第六章　幼儿的思维

第一节　思维概述

一、名词解释

1. 思维

2. 直觉行动思维

3. 具体形象思维

4. 抽象逻辑思维

二、单项选择题

1. 看到月亮的边上有一圈光晕，就推知将要刮风，这是（　　）。

A. 知觉　　B. 思维　　C. 想象　　D. 遗觉像

2. 将钢笔、毛笔、铅笔的本质属性——“写字的工具”抽取出来，而将其非本质属性舍掉，这一过程属于思维过程中的（　　）。

A. 分析与综合　　B. 比较　　C. 抽象与概括　　D. 具体化与系统化

3. 早上起来，推开窗户发现地面全都湿了，你推断昨天夜里一定下雨了。这是思维的（　　）。

A. 概括性　　B. 间接性　　C. 合理性　　D. 整体性

4. 幼儿 2 岁前思维最主要的特点是（　　）。

A. 直观行动性　　B. 具体形象性　　C. 自我中心性　　D. 系统性

5. 幼儿思维方式的发展变化与思维所用工具的变化相联系，直观行动思维所用的工具主要是（　　）。

A. 感知动作　　B. 表象　　C. 判断　　D. 概念

6. 幼儿前期的幼儿总是在摆弄物体时才能进行思维，离开了动作和实物思维就停止了，这说明幼儿具有（　　）。

A. 直觉行动思维　　B. 具体形象思维

C. 抽象逻辑思维　　D. 随意思维

7. 下列属于幼儿中期心理特点的是（　　）。

A. 思维具体形象　　B. 爱模仿　　C. 好学好问　　D. 个性初具雏形

8. 幼儿期的主要思维特点是（　　）。

A. 直觉行动思维　　B. 具体形象思维

C. 抽象逻辑思维　　D. 推理

9. 幼儿的思维是（　　）占主导地位的思维，对事物的直接操作和直观认识有助于幼儿思维的发展。

A. 直观行动性　　B. 具体形象性　　C. 自我中心性　　D. 抽象性

10. 幼儿可以把苹果、梨、香蕉、草莓、西瓜等食物称为“水果”，这说明幼儿具有了（　　）。

A. 直觉行动思维　　B. 具体形象思维

C. 抽象逻辑思维　　D. 随意思维

三、填空题

1. 幼儿最早的思维不是依靠语言而是依靠________进行的。

2. 瑞士心理学家________的________实验证明了幼儿前期的思维还具有以________为中心的特点。

3. 具体形象思维又称________思维。

4. 中班幼儿能逐渐认识事物的属性，开始根据事物的________进行思维。

5. ________是依靠语言进行的思维，是人类所特有的思维方式。

四、判断题

1. 幼儿利用掰手指来数数，这种思维方式是形象思维。（　　）
2. 具体形象思维已完全摆脱与感知和动作同步进行的局面。（　　）
3. 动作在思维中的作用呈逐渐上升的趋势。（　　）
4. 语言在思维中的作用呈下降的趋势。（　　）
5. 幼儿晚期思维以抽象逻辑思维为主。（　　）

五、简答题

1. 思维的基本特征有哪些？

2. 具体形象思维的特点是什么？

3. 人的思维发展经历哪几个阶段？

4. 幼儿思维发展的主要特点有哪些？

六、案例分析题

幼儿教师在幼儿园教学中要使用大量直观形象的教具，以帮助幼儿理解教学内容。例如，教师给幼儿讲故事，讲到“大象用鼻子把狼卷起来”时，总是用手做出“卷”的动作；说到“大象把狼扔到河里去”时，又用手做出扔的姿势。幼儿会学着教师的样子做出相应的动作，脸上会露出会意的笑容。

分析案例中的现象，回答以下问题：

1. 此案例体现了幼儿思维发展中的什么特点？

2. 根据该特点，教师该如何有针对性地实施教学？

第二节　幼儿创造性思维的培养

一、名词解释

1. 创造性思维

2. 智力

二、单项选择题

1. 在日常生活中，每当遇到问题，幼儿往往会说“让我想一想”。这里的“想一想”就是（　　）。

A. 想象活动　　B. 知觉活动　　C. 记忆活动　　D. 思维活动

2. 智力的核心是（　　）。

A. 思维力　　B. 注意力　　C. 记忆力　　D. 观察力

3. 思维能迅速地沿着某个方向扩散，心智活动少阻滞，反应迅速而众多，这是创造性思维的（　　）。

A. 新颖性　　B. 流畅性　　C. 变通性　　D. 独特性

4. 教师在幼儿语言课上组织幼儿开展“词语开花”的游戏，这是利用了创造性思维的（　　）。

A. 变通性　　B. 新颖性　　C. 流畅性　　D. 独特性

5. 学生在回答“曲别针的用途”时，能够在短时间内说出很多答案，说明其创造性思维的（　　）。

A. 新颖性　　B. 流畅性　　C. 变通性　　D. 独特性

6. “举一反三，触类旁通”说的是创造性思维的（　　）。

A. 流畅性　　B. 独特性　　C. 新颖性　　D. 变通性

7. 能形成与众不同的独特见解，提出新的观念、设想或方案，指的是创造性思维的（　　）。

A. 新颖性　　B. 流畅性　　C. 变通性　　D. 独特性

8. “曹冲称象”“司马光砸缸”的故事说明了创造性思维的（　　）。

A. 流畅性　　B. 新颖性　　C. 独特性　　D. 变通性

9. “一题多解”体现的是（　　）。

A. 常规思维　　B. 聚合思维　　C. 抽象思维　　D. 发散思维

10. 下列选项中，说法不正确的是（　　）。

A. 感性知识经验是否丰富，制约着思维的发展

B. 音乐活动不能发展幼儿的创造性思维

C. 借助词的抽象性和概括性，人脑才能对事物进行概括、间接的反映

D. 智力游戏可以使幼儿学会简单的逻辑、判断和概括

三、填空题

1. 幼儿________的培养应该是幼儿早期教育和早期智力开发的核心。

2. 幼儿的创造主要是学习人类________的。

3. 思维是在________的基础上产生和发展的。

4. ________是思维的武器和工具。

5. 提出问题、________问题、________问题的过程其实就是幼儿积极进行思维的过程。

四、判断题

1. 思维是高级的认识过程，是智力的核心。 （　　）

2. 幼儿的创造性思维活动与科学家的创造性思维活动没有本质的区别。 （　　）

3. 丰富幼儿的表象与培养幼儿的创造性思维之间没有任何联系。 （　　）

4. 幼儿一开始就能掌握正确的思维方法。 （　　）

5. 在创造性艺术活动中，创造想象是创造思维的支柱。 （　　）

五、简答题

1. 创造性思维的特征有哪些？

2. 幼儿创造性思维的培养方法有哪些？

六、案例分析题

小明是个3岁3个月的孩子，十分活泼可爱，父母很喜欢他。可令其父母烦恼的是，小明做什么事情之前从不爱多思考。例如，玩插塑时，让他想好了再去插，可他总是拿起插塑就开始随便地插，插出什么样就说插的是什么。在绘画和解决别的问题时也是这样。夫妇俩认为这样不好，便总要求小明想好了再行动，可小明却常常做不到。

你认为小明父母的态度和行动对吗？请从幼儿思维发展的角度分析小明的这一类行为，并为小明的父母提出科学的教育建议。

第七章　幼儿的言语

第一节　言语概述

一、名词解释

1. 语言

2. 言语

二、单项选择题

1. 幼儿期的言语学习主要是（　　）。

A. 阅读训练　　B. 书面言语的学习

C. 口语的学习　　D. 识字学习

2. 幼儿的语言最初是（　　）。

A. 连贯式的　　B. 对话式的　　C. 复合式的　　D. 独白式的

3. 1 ～ 1.5 岁幼儿使用的句型主要是（　　）。

A. 单词句　　B. 电报句　　C. 简单句　　D. 复合句

4. 3 岁前幼儿的言语主要是（　　）。

A. 连贯言语　　B. 逻辑言语　　C. 情境言语　　D. 复合言语

5. 1.5 岁的幼儿想给妈妈吃饼干时，会说“妈妈，饼，吃”，并把饼干递过去。这表明该阶段幼儿语言发展的一个主要特点是（　　）。

A. 电报句　　B. 完整句　　C. 单词句　　D. 简单句

6. 2 ~ 6 岁幼儿掌握的词汇数量迅速增加，词类范围不断扩大。该时期幼儿掌握词汇的顺序通常是（　　）。

A. 动词、名词、形容词　　B. 动词、形容词、名词

C. 名词、动词、形容词　　D. 形容词、动词、名词

7. 幼儿出现喃喃语声的阶段在（　　）。

A. 0 ~ 2 个月　　B. 3 ~ 4 个月　　C. 4 ~ 8 个月　　D. 9 ~ 12 个月

8. 幼儿自言自语的表现有两种形式：一是问题言语，二是（　　）。

A. 情境言语　　B. 游戏言语　　C. 对话言语　　D. 交际言语

9. 下列选项中，属于内部言语的是（　　）。

A. 小宁默默思考老师提出的问题　　B. 小明跟着老师学唱歌

C. 兰兰默默地跟着老师学画画　　D. 妮妮给老师写信

10. 冬冬边玩魔方边自己小声嘀咕："转一下这面试试，再转这面呢？"这种语言被称为（　　）。

A. 角色语言　　B. 自我中心语言　　C. 对话语言　　D. 内部语言

三、填空题

1. 幼儿掌握书面言语通常要经过三个阶段，即________、阅读和________。

2. 口头言语依靠人的发音器官，是以________和________为主的言语，它通常表现为________和________。

3. 内部言语显著的特点是________和________。

4. ________岁是幼儿语音发展最重要、最迅速的时期。

5. 幼儿所说的复合句有一个明显的特点是________用得少。

四、判断题

1. 3 岁左右的幼儿由于听觉不够灵敏，还不能区分差别较小的声音。（　　）

2. 根据表现形式不同，言语可分为内部言语和外部言语，外部言语又可以分为口头言语和书面言语。（　　）

3. 中班幼儿的言语表达能力比较差，带有很大的情境性。（　　）

4. 5 岁左右幼儿开始能够大量正确运用简单句。（　　）

5. 4 岁幼儿可掌握 1 600 ~ 2 000 个词。（ ）

五、简答题

1. 幼儿言语的准备期会经历哪几个阶段？

2. 幼儿词汇的发展表现出哪些特点？

六、案例分析题

强强是 4 岁幼儿，他喜欢自言自语。搭积木时，他边搭边说："这块放在哪里呢……不对，应该这样……这是什么……就把它放在这里当门吧……"搭完一个机器人后，他会兴奋地对着它说："你不要乱动，等我下了命令后，你就去打仗！"

请根据学前儿童言语功能发展的有关原理，分析案例中强强的行为。

第二节　幼儿言语的培养

一、单项选择题

1. 从言语功能上讲，幼儿在幼儿园想妈妈时说"我不哭"，体现的是言语的（ ）。

A. 调节功能　B. 游戏功能　C. 交际功能　D. 问题功能

2.（　　）是口语练习最简单的形式。

A. 儿歌　B. 绕口令　C. 口头造句　D. 复述故事

3. 下列选项中，关于幼儿言语的发展，表述正确的是（　　）。

A. 理解语言发生发展在先，语言表达发生发展在后

B. 理解语言和语言表达同时同步产生

C. 语言表达发生发展在先，理解语言发生发展在后

D. 理解语言是在语言表达的基础上产生和发展起来的

4. 幼儿阶段开始出现书面言语的发展，其书面言语发展的重点是（　　）。

A. 识字　B. 写字　C. 阅读　D. 写作

5. 3 ~ 5 岁幼儿常常自己造词，出现“造词现象”说明（　　）。

A. 幼儿词汇贫乏，词义掌握不确切　B. 幼儿的词汇量在不断增加

C. 幼儿的智力发展有了质的飞跃　D. 幼儿的言语表达能力增强

6. 情境言语和连贯言语的主要区别在于（　　）。

A. 是否完整连贯　B. 是否反映了完整的思想内容

C. 是否为双方所共同了解　D. 是否直接依靠具体事物作支柱

7. 下列活动属于言语过程的是（　　）。

A. 练声　B. 练习打字　C. 弹琴　D. 听故事

8. 聊天、座谈、讨论时，人们使用的言语属于（　　）。

A. 口头言语　B. 独白言语　C. 书面言语　D. 内部言语

9.“宝宝糖糖”是（　　）。

A. 简单句　B. 单词句　C. 复合句　D. 电报句

10. 从词性上说，幼儿对（　　）掌握最早。

A. 名词　B. 动词　C. 形容词　D. 副词

二、填空题

1. ________是口语练习最简单的形式。

2. 幼儿掌握言语的过程，也是幼儿________的过程。

3. 幼儿词汇分两类：一类是________词汇，即幼儿能理解但不会运用的词汇；另一类是________词汇，即幼儿既能理解又能正确运用的词汇。

4. 口吃是幼儿期一种常见的疾病，通常包括________、________和语句中断三种类型。

5. 教师可采用儿歌、________、________等多种形式，逐步培养幼儿言语的完整性和连贯性。

三、判断题

1. 抽象的词和语法的掌握依赖于认知的发展，同时言语发展对认知的发展起推动作用。（　　）

2. 从词类来说，首先要教幼儿掌握动词，其次教名词，而后再教形容词和副词。（　　）

3. 要使幼儿掌握准确的发音，首先就要求幼儿能听得准，听得准是说得准的前提。（　　）

4. 日常生活中的言语多是常用的、重复的，这种重复既有利于幼儿加深对新词的理解，又有利于幼儿学会正确、恰当地使用新词。（　　）

5. 在谈话时，教师要坚持要求幼儿将话说完整、说连贯，同时可以用手势、表情来代替某些词语。（　　）

四、简答题

1. 简述言语在幼儿心理发展中的作用。

2. 简述幼儿言语的培养方法。

五、案例分析题

最近，4 岁的小华出现了口吃现象，母亲非常着急。尽管母亲采用了很多方法试图矫正，甚至取笑打骂，最终都无济于事。

请分析小华出现口吃的原因，并说明矫正幼儿口吃应遵循的主要原则。

第八章　幼儿的情绪和情感

第一节　情绪和情感概述

一、名词解释

1. 情绪和情感

2. 理智感

3. 道德感

4. 美感

5. 挫折

二、单项选择题

1. 情绪、情感在幼儿心理活动中起着非常重要的（　　）。

A. 适应作用　　B. 组织作用　　C. 榜样作用　　D. 动力作用

2. 下列选项中，（　　）不属于幼儿的高级情感。

A. 道德感　　B. 归属感　　C. 美感　　D. 理智感

3. 新入园的幼儿看着妈妈离去时伤心地哭，会引起其他幼儿跟着哭起来，这是幼儿情绪的（　　）。

A. 易感染性　　B. 掩蔽　　C. 内隐　　D. 稳定性

4. “忧者见之则忧，喜者见之则喜”，是指人在不同的（　　）状态时对同一事物会有不同的情绪体验。

A. 应激　　B. 心境　　C. 激情　　D. 弥散

5. 幼儿看到故事书中的“坏人”，常常会把他抠掉，这是幼儿情绪（　　）的表现。

A. 冲动性　　B. 易变性　　C. 两极性　　D. 感染性

6. 幼儿基本情绪表现不包括（　　）。

A. 爱　　B. 笑　　C. 哭　　D. 恐惧

7. 我们经常看到幼儿破涕为笑，脸上挂着泪水又笑起来的情况，这主要是因为（　　）。

A. 幼儿的情绪还是由生理需要控制着

B. 幼儿的意志力差

C. 幼儿的情绪是不稳定的

D. 幼儿的自我意识还未形成

8. （　　）是一种爆发式、猛烈而短暂的情绪状态，狂喜、暴怒、恐惧、绝望等都是其状态的表现。

A. 激情　　B. 应激　　C. 心境　　D. 恐惧

9. 幼儿园教师常常把刚入园的哭着要找妈妈的幼儿与班内其他幼儿暂时隔离开，这主要是因为（　　）。

A. 教师不喜欢哭闹的幼儿　　B. 该幼儿不适合上幼儿园

C. 幼儿的情绪容易受感染　　D. 幼儿常常处于激动的情绪状态

10. “目瞪口呆，手足无措”是（　　）状态下的表现。

A. 激情　　B. 心境　　C. 应激　　D. 愤怒

三、填空题

1. 根据情感发生的强度、速度、紧张度和持续性，可以把日常生活中人们的情感分为________、激情、________和________。

2. 根据情感的社会性内容，可以将情感分为道德感、________和美感。

3. 情绪由________需要引起，情感则由________需要引起。

4. ________攻击是指攻击目标直接指向造成障碍的对象。

5. 情绪是情感的具体形式和直接体验，具有明显的________和________。

四、判断题

1. 情感是动物与人所共有的，而情绪则是人所独有的。（　）

2. 大班幼儿常常“告状”，就是由道德感激发起来的一种行为。（　）

3. 如果一个人长期处于应激状态，体内的生化环境就会失调，抵抗疾病的能力就要下降，最终将导致疾病。（　）

4. 幼儿喜欢外貌、穿戴漂亮的老师，属于幼儿美感的发展。（　）

5. 激情通常被称为心情，它具有广延、弥散的特点。（　）

五、简答题

1. 心理防卫机制有哪三种形式？

2. 简述情绪与情感的联系和区别。

六、案例分析题

3 岁的小明上床睡觉前闹着要吃糖，妈妈努力向他说明睡觉前不能吃糖的道理，小明却用高八度的嗓门哭起来。妈妈生气地说："再哭，我打你！"小明不但没有停止哭闹，反而情绪更加激动，干脆在床上打起滚儿来。

结合案例，说说引导幼儿控制情绪有哪些好的方法。

第二节　幼儿情绪和情感的发展

一、名词解释

1. 内源性的笑

2. 母婴依恋

二、单项选择题

1. 微笑表示满意、赞许和鼓励，怒目圆睁表示个人对事物持否定态度，这是指情绪和情感的（　　）作用。

A. 适用　　B. 动机　　C. 调节　　D. 信号

2. 下列选项中，（　　）不利于缓解或调整幼儿激动的情绪。

A. 斥责　　B. 转移注意力　　C. 冷处理　　D. 安抚

3. 当幼儿情绪十分激动、又哭又闹时，有经验的幼儿教师和父母常常采取暂时置之不理的办法，这样幼儿自己会慢慢停止哭闹。这种帮助幼儿控制情绪的方法是（　　）。

A. 转移法　　B. 冷处理法　　C. 反思法　　D. 自我说服法

4. 中班幼儿告状现象频繁，这主要是因为幼儿（　　）的发展。

A. 道德感　　B. 羞愧感　　C. 美感　　D. 理智感

5. 婴儿出生大约 6 ~ 10 周后，人脸可以引发其微笑。这种微笑被称为（　　）。

A. 生理性微笑　　B. 自然微笑　　C. 社会性微笑　　D. 本能微笑

6. 两名幼儿刚刚还在为抢一辆小汽车而争吵，可过了一会儿，他们一起参加游戏很快又和好了，这反映的是幼儿（　　）。

A. 情绪容易受感染和暗示　　B. 情绪的稳定性逐渐提高

C. 情绪变化具有情境性　　D. 情绪内容的丰富性

7. 下列选项中，（　　）不属于幼儿情绪与情感发展的特点。

A. 体验具有情境性、外显性、易变性等特点

B. 情绪控制能力较差

C. 情绪、情感社会化

D. 情绪具有意志成分

8. 影响幼儿情绪调控的因素有父母、同伴及（　　）。

A. 教师　　B. 感觉　　C. 记忆　　D. 想象

9. 中班幼儿在道德感方面的特点是（　　）。

A. 掌握了一些概括化的道德标准

B. 主要指向个别行为

C. 产生爱小朋友、爱集体等情感，已有了一定的稳定性

D. 比较复杂化

10. 某托儿所训练刚入所的幼儿早上来时向老师说“早上好”，下午离园时说“再见”，结果许多幼儿先学会说“再见”，而“早上好”则比较晚才学会，其重要原因是由于幼儿早上不愿意和父母分离。这体现的是（　　）。

A. 情绪对幼儿认知发展的作用　　B. 情绪的分化

C. 情绪对幼儿心理活动的动机作用　　D. 情绪的社会化

三、填空题

1. 幼儿的理智感最突出的表现是________。

2. ________是婴儿情绪社会化的重要标志。

3. 母婴依恋关系在婴儿________时形成。

4. ________的出现是婴儿情绪社会化的开端。

5. 在婴幼儿与人的交往中，________占有特殊的、重要的地位。

四、判断题

1. 幼儿在掌握语言之前，主要是以表情作为交际的工具。（　　）

2. 幼儿早期的情感创伤，可能会对其个性的形成造成严重影响。（　　）

3. 幼儿中期，幼儿的情感往往受情景左右，表现出一种极为突出的“情感共鸣”现象。（　　）

4. 在正确的教育下和随着经验的增长，5 岁以后的幼儿会逐渐地控制住自己的情感。（　　）

5. 小班幼儿的道德感往往由成人的评价所引起，幼儿得到成人的表扬就高兴，受到成人的批评就不高兴。（　　）

五、简答题

1. 情绪、情感在幼儿心理发展中的作用有哪些？

2. 幼儿情绪情感的发展特点有哪些？

3. 如何培养幼儿良好的情绪和情感？

六、案例分析题

3 岁的阳阳从小跟奶奶生活在一起。刚上幼儿园时，奶奶每次送他到幼儿园准备离开时，阳阳总是又哭又闹。当奶奶的身影消失后，阳阳很快就平静下来，并能与小朋友们高兴地玩耍。由于担心，奶奶每次走后又折返回来。阳阳再次看到奶奶时，又立刻抓住奶奶的手，哭泣起来。

根据案例中现象，回答以下问题：

1. 阳阳的行为反映了幼儿情绪的哪些特点？

2. 阳阳奶奶的担心是否有必要？教师该如何引导？

第九章　幼儿的意志

第一节　意志概述

一、名词解释

1. 意志

2. 自觉性

3. 果断性

4. 自制性

5. 坚持性

二、单项选择题

1. 善于迅速地明辨是非，当机立断，坚决地执行决定的意志品质是（　　）。

A. 自制性　　B. 自觉性　　C. 果断性　　D. 坚持性

2. “三分钟热度”，一遇到挫折便停滞不前，指的是缺乏意志的（　　）品质。

A. 自觉性　　B. 果断性　　C. 坚持性　　D. 自制性

3. 对自己的行动有坚定的信念，不轻易受别人的暗示或情景的左右，指的是意志的（　　）品质。

A. 坚持性　　B. 果断性　　C. 坚持性　　D. 自制性

4. 著名的“哨兵持枪姿势”实验主要是研究幼儿意志的（　　）品质。

A. 自制性　　B. 果断性　　C. 自觉性　　D. 坚持性

5. “人云亦云”和意志的（　　）品质相反。

A. 自觉性　　B. 果断性　　C. 坚韧性　　D. 自制性

6. “前有堵截，后有追兵”说的是（　　）。

A. 双趋冲突　　B. 双避冲突　　C. 趋避冲突　　D. 原则性冲突

7. “水滴石穿”“愚公移山”表现的是意志的（　　）品质。

A. 自制性　　B. 果断性　　C. 自觉性　　D. 坚持性

8. “富贵不能淫，贫贱不能移，威武不能屈”所反映的是意志的（　　）品质。

A. 自制性　　B. 果断性　　C. 自觉性　　D. 坚持性

9. 眼睛受到强光，瞳孔会立即缩小；手碰到刺会立即缩回等。这属于（　　）。

A. 不随意运动　　B. 随意运动　　C. 意志行动　　D. 以上都不是

10. 下列关于有意运动和无意运动的说法，不正确的是（　　）。

A. 有意运动是意志的基本组成部分

B. 意志是有意运动的基本组成部分

C. 无意运动是与生俱来的

D. 无意运动是人没有意识到的

三、填空题

1. 意志过程包括两个阶段：________和________。

2. 随意运动是指受意识支配的，具有一定________和________的活动，通常是一些已经熟练掌握的动作。

3. 意志行动中常见的心理冲突有双趋式冲突、________冲突和________冲突。

4. 一般把意志品质归纳为自觉性、________、________和________四个方面。

5. 小明既想参加演讲比赛锻炼自己，又怕自己讲不好被人嘲笑，这时他面临的心理冲突是________。

四、判断题

1. 在现实生活中，不同的人意志品质的发展水平不同，具有较大的个别差异。（　　）

2. 有明确的行动目的，并在该目的支配和调节下的行动才是意志行动。（　　）

3. 幼儿晚期，幼儿的行动目的逐渐形成。（　　）

4. 幼儿初期，幼儿的行动往往缺乏明确的目的，带有很大的冲动性。（　　）

5. 4 岁幼儿意志坚持性发展的水平很低，坚持的时间很短。（　　）

五、简答题

1. 简述幼儿意志的发展特点。

2. 简述意志行动的特征。

第二节　幼儿意志的培养

一、单项选择题

1. 机敏、迅速、合理地处理问题的意志品质是（　　）。

A. 自觉性　　B. 自制性　　C. 果断性　　D. 坚持性

2. 幼儿常常在家长、教师的督促下完成活动任务，这体现了幼儿意志的（　　）水平比较低。

A. 自觉性　B. 果断性　C. 自制性　D. 坚持性

3. 意志行动的基础是（　　）。

A. 本能行为　B. 不随意运动　C. 随意运动　D. 技能技巧

4. 与顽固执拗、见异思迁相反的意志品质是（　　）。

A. 自觉性　B. 果断性　C. 自制性　D. 坚持性

5. 学前儿童的意志过程往往表现为（　　）。

A. 没有明确目的的意志行动　B. 直接外露的意志行动

C. 不能克服困难的意志行动　D. 不能自觉调节与控制的意志行动

6. 下列选项中，（　　）属于意志活动。

A. 吹口哨　B. 背诵课文　C. 摇头晃脑　D. 膝跳反射

7. 与受暗示性和独断性相反的意志品质是（　　）。

A. 自觉性　B. 果断性　C. 坚持性　D. 自制性

8. 面对问题时经常举棋不定，是（　　）意志品质弱的表现。

A. 独立性　B. 果断性　C. 坚持性　D. 自制性

9. 进退维谷是一种（　　）式的动机斗争。

A. 双趋　B. 双避　C. 趋避　D. 多重趋避

10. 下列选项中，（　　）不是培养幼儿意志的正确方法。

A. 指导和帮助幼儿制定短暂和长远的目标

B. 适时放手让幼儿去实践

C. 鼓励幼儿做好每一件事

D. 代替幼儿完成任务

二、填空题

1. 对幼儿而言，他们的________和________不是很强，经常做事有头无尾、半途而废。

2. “哨兵站岗”这一实验充分说明了用________来培养幼儿的坚持性等品质是十分有效的。

3. 家长和教师指导和帮助幼儿制定的目标一定要具体、________。

4. 对待幼儿要善于放手锻炼，结合幼儿的________及学习、劳动等活动形式，对幼儿进行有意识培养，从培养幼儿的生活习惯开始。

5. 成人可通过________、看电影和阅读等方式，让幼儿学习典型人物的坚强意志力。

三、判断题

1. 影响一个人成才与否的因素除智力外意志力也很关键，有时甚至起到决定性作用。(　　)

2. 目标制定的越高，幼儿在行动中的积极性就越大。(　　)

3. 学习是幼儿的基本活动，教师要善于利用幼儿喜欢学习这一心理，在学习中加以引导，培养幼儿的意志。(　　)

4. 幼儿时期，幼儿并不一定要学会多少知识，而更多的是其行为的养成和人格的形成。(　　)

5. 困难越大，越有利于幼儿意志的培养。(　　)

四、简答题

1. 简述意志在心理发展中的作用。

2. 简述幼儿意志的培养方法。

第十章 幼儿的个性

第一节 个 性 概 述

一、名词解释

1. 个性

2. 个性的整体性

3. 个性的稳定性

二、单项选择题

1. 个性的（　　）是指人与人之间没有完全相同的个性。

A. 整体性　　B. 独特性　　C. 社会性　　D. 稳定性

2. “3 岁看大，7 岁看老”体现了个性的（　　）。

A. 整体性　　B. 独特性　　C. 社会性　　D. 稳定性

3. 表现在人对现实的态度和惯常的行为方式中比较稳定的心理特征是（　　）。

A. 道德感　　B. 理智感　　C. 气质　　D. 个性

4. “人心不同，各如其面”比喻人的个性具有（　　）。

A. 整体性　　B. 独特性　　C. 社会性　　D. 稳定性

5. 一个脾气慢的人，往往表现出以下特点：动作慢、说话慢、做事不着急等。这体现了个性的（　　）。

A. 整体性　B. 独特性　C. 社会性　D. 稳定性

6. 对幼儿来说，个性发展的主要内容是（　　）开始形成。

A. 自我意识　B. 个性特征　C. 调控系统　D. 情绪状态

7. 个性倾向性是以人的（　　）为基础的动机系统，它是推动个体行为的动力。

A. 理想　B. 动机　C. 需要　D. 志向

8. 下列选项中，不是用来描述个性的词语的是（　　）。

A. 自私自利　B. 心胸狭窄　C. 宽容大度　D. 相貌出众

9. 个性形成的最初阶段是（　　）。

A. 婴儿期　B. 先学前期　C. 幼儿期　D. 学龄初期

10. 从一个人行为的一个方面可以看出他的个性，这是个性（　　）的表现。

A. 独特性　B. 整体性　C. 稳定性　D. 社会性

三、填空题

1. 个性的动力结构系统包括________系统、自我意识系统和________系统。

2. 个性倾向性系统包括________、兴趣、________和________等要素。

3. 马斯洛的需要层次理论将人类需求从低到高分为五个层次，分别是：生理需求、________、社交需求、________和________。

4. 个性心理特征系统是个性独特性的集中表现，包括________、________、性格等心理成分。

5. ________时，个性逐渐萌芽。________岁是个性形成过程的开始时期。幼儿________岁左右时，个性基本定型。

四、判断题

1. 幼儿初期，幼儿开始出现对自己内心活动的意识，常常表示自己的主张。（　　）

2. 幼儿期心理活动独特性形成，幼儿间的个别差异不明显。（　　）

3. 2 岁前是幼儿各种心理现象逐渐发生的时期，但这时幼儿的心理活动是零散的、混乱的。（　　）

4. 幼儿末期，幼儿心理活动开始具有系统性、完整性的特点。（　　）

5. 幼儿期幼儿的气质已有明显不同，幼儿智力的差异及特殊能力也开始显露出来。（　　）

五、简答题

幼儿期幼儿心理活动的个性发展主要表现在哪些方面？

第二节　幼儿自我意识的发展和培养

一、名词解释

1. 自我意识

2. 自我体验

3. 自我评价

4. 自我监控

二、单项选择题

1. “老师说我是好孩子”说明幼儿对自己的评价是（　　）。

A. 具有独立性的　B. 个别方面的　C. 多方面的　D. 具有依从性的

2. 在幼儿园学习跳舞的活动中，一个叫亮亮的小朋友由于没有学会老师教的跳跃动作而受到其他小朋友的嘲笑。从此以后，亮亮对舞蹈课感到恐惧和焦虑，他不喜欢上舞蹈课。亮亮的行为主要与他的（　　）相联系。

A. 自我意识　　B. 想象　　C. 思维活动　　D. 感知

3. 2 岁半的豆豆还不会自己吃饭，可偏要自己吃；不会穿衣，偏要自己穿。这反映了幼儿（　　）的发展。

A. 情绪　　B. 动作　　C. 自我意识　　D. 认知

4. 自我意识的萌芽约出现在（　　）。

A. 0 ~ 1 岁　　B. 1 ~ 2 岁　　C. 2 ~ 3 岁　　D. 3 岁以后

5. 在一定程度上，（　　）的成熟标志着幼儿个性的成熟。

A. 自我意识　　B. 个性特征　　C. 能力倾向　　D. 个性倾向

6. 自我意识萌芽最重要的标志是（　　）。

A. 会叫“妈妈”　　B. 思维出现

C. 学会评价　　D. 掌握代词“我”

7. 自尊心、自信心和羞愧感等是（　　）的成分。

A. 自我评价　　B. 自我体验　　C. 自我控制　　D. 自我觉醒

8. 用来研究幼儿的自我意识发展的实验方法是（　　）。

A. 陌生情境技术　　B. 延迟满足实验

C. 点红实验　　D. 两难故事

9. 与幼儿自我意识的真正出现相联系的是（　　）。

A. 幼儿开始对自己进行评价

B. 幼儿言语的发展

C. 幼儿开始知道自己的长相

D. 幼儿开始把自己作为独立的个体看待

10. 4 岁幼儿认为不打架或不抢玩具就是好孩子，这种评价属于（　　）的评价。

A. 个别方面或局部　　B. 内心品质

C. 比较笼统　　D. 比较细致

三、填空题

1. 自我意识由________、自我体验和自我控制组成。

2. 幼儿自我控制能力的发展主要表现在________、________和自制发展方面。

3. 幼儿自我评价具有笼统性、________和片面性。

4. 幼儿自我体验最突出的特点就是易受成人的________。

5. ________是人类特有的反映形式，是人的心理区别于动物心理的一大特征。

四、判断题

1. 幼儿自我评价往往带有主观情绪性。幼儿往往不从具体事实出发，而从情绪出发进行自我评价。（ ）

2. 到幼儿中期，幼儿开始出现对自己内心活动的意识，常常表示自己的主张。（ ）

3. 幼儿初期还没有独立的自我评价，常依赖于成人对他的评价。（ ）

4. 幼儿的支持性和自我控制能力到 4 ～ 5 岁会有较大的发展。（ ）

5. 幼儿不仅能对生理的需要产生自我体验，而且能对社会性的需要产生自我体验，即开始发展对社会情感的自我体验。（ ）

五、简答题

1. 幼儿自我意识的发展主要经过哪几个阶段？

2. 简述幼儿自我评价的发展特征。

六、案例分析题

幼儿在两三岁的时候经常说“我的”，开始不让别人动他的东西，经过一段时间以后，幼儿逐渐会用“我”这个词来表达自己的愿望。

请分析幼儿产生这种现象的原因。

第三节　幼儿气质的发展和培养

一、名词解释

1. 气质

2. “掩蔽”现象

二、单项选择题

1. 在人的各种个性心理特征中，（　　）是最早出现的，也是变化最慢的。

A. 思维　　B. 想象　　C. 气质　　D. 性格

2. 幼儿从刚出生开始就显现出个人特点的差异，这主要是（　　）的差异。

A. 言语特征　　B. 记忆过程　　C. 思维特征　　D. 气质类型

3. 下列选项中，不属于气质特性的是（　　）。

A. 遗传性　　B. 先天性　　C. 易变性　　D. 稳定性

4. 传统的气质类型不包括（　　）。

A. 活泼型　　B. 抑郁质　　C. 黏液质　　D. 胆汁质

5. 不同气质特点可以有针对性地进行培养。针对（　　）的幼儿，应防止粗枝大叶、虎头蛇尾。

A. 胆汁质　　B. 多血质　　C. 黏液质　　D. 抑郁质

6. 托马斯・切斯将幼儿的气质分为三种，即容易抚育型、困难抚育型和（　　）。

A. 情绪不稳定型　　B. 多愁善感型

C. 掩蔽现象型　　D. 缓慢发动型

7. 某幼儿敏锐、稳重、外表温柔、体验深刻、怯弱、孤独，该幼儿的气质类型基本属于（　　）。

A. 胆汁质　　B. 多血质　　C. 黏液质　　D. 抑郁质

8. 沉静、稳重，不善于主动与人交往，在交往中不易与同伴发生冲突，人际关系较好，这类幼儿很可能属于（　　）气质类型。

A. 胆汁质　　B. 多血质　　C. 黏液质　　D. 抑郁质

9. 多血质的人其高级神经活动类型的基本特征是（　　）。

A. 强、平衡、灵活　　B. 强、不平衡

C. 强、平衡、不灵活　　D. 弱、灵活

10. 在幼儿的气质类型中，“敏感、畏缩、孤僻”属于（　　）。

A. 抑郁质　　B. 胆汁质　　C. 黏液质　　D. 多血质

三、填空题

1. 根据心理活动的速度、强度及灵活性的不同，在日常生活中一般将人的气质划分为四种类型，即________、多血质、________及________。

2. ________的人黑胆汁占优势，这种人孤僻、行动迟缓、体验深刻、善于觉察别人不易觉察的细小事物。

3. ________现象是指一个人的气质类型并没有改变，但形成了一种新的行为模式，表现出一种不同于原来类型的气质外貌。

4. 古希腊著名的医学家________吸收了前人的医学成就，提出人体含“四液”学说。

5. 人的气质这种心理活动的特征主要表现在强度、________、稳定性和________等方面。

四、判断题

1. 气质虽然是比较稳定的心理特征，但并不是一成不变的。（　　）

2. 气质有好坏之分。（　　）

3. 容易抚养型的婴儿吃、喝、睡等生理机能很有规律，这种类型的婴儿大约占 10%。（　　）

4. 安静型的人条件反射容易形成而难以改变，庄重、迟缓而有惰性。（　　）

5. 胆汁质的人体内黄胆汁占优势，这种人直率、热情、精力旺盛、情绪易冲动、心境变换剧烈。（　　）

五、简答题

1. 幼儿气质的培养方法有哪些？

2. 针对不同气质的幼儿，分别应采取何种教育措施？

六、案例分析题

小虎精力旺盛，爱打抱不平，做事急躁马虎，爱指挥人，稍有不如意就大发脾气、动手打人，事后也后悔但难克制。

结合案例，回答以下问题：

1. 你认为小虎的气质属于什么类型？请说明原因。

2. 如果你是小虎的老师，你准备如何根据其气质类型的特征实施教育？

第四节　幼儿性格的发展和培养

一、名词解释

1. 性格

2. 自制力

二、单项选择题

1. 在游戏过程中，小明遇到不顺心的事总是大声哭喊，有时还会推拉小朋友，发泄自己的不满，而小红受了委屈后却总是默默地走到旁边，小声哭泣。这两名幼儿的行为特点反映了幼儿（　　）的个性心理特征。

A. 自我意识　　B. 性格　　C. 气质　　D. 能力

2. 不属于幼儿期性格的典型特点的是（　　）。

A. 活泼好动　　B. 喜欢交往　　C. 好奇好问　　D. 情绪稳定

3. 关于学前期幼儿性格的形成和发展，下列选项说法不正确的是（　　）。

A. 幼儿的性格尚未表现出明显的个别差异

B. 幼儿性格的发展具有明显受情境制约的特点

C. 学龄晚期开始，幼儿行为受内心制约，且习惯已经形成

D. 学龄晚期阶段，幼儿性格的改造更加困难

4. 好奇、好问、好模仿，属于幼儿的（　　）特点。

A. 气质　　B. 性格　　C. 能力　　D. 兴趣

5. 关于性格，以下选项中说法错误的是（　　）。

A. 性格是后天形成的　　B. 性格是后天塑造的

C. 性格很不稳定，容易改变　　D. 性格可以在一定程度上改造气质

6. 上课时刘老师说："看，亮亮坐得多直呀！"顿时就有好多孩子挺起腰来，而不必刘老师逐个点名要求他们坐直。这说明幼儿具有（　　）的特点。

A. 好奇　　B. 好问　　C. 好模仿　　D. 好冲动

7. 在幼儿性格最初形成中具有决定意义的是（　　）。

A. 父母　　B. 同伴　　C. 教师　　D. 以上都是

8. 好奇好问、活泼好动是幼儿（　　）特征的表现。

A. 气质　　B. 能力　　C. 性格　　D. 思维

9. 下列选项中，有关气质和性格表述正确的是（　　）。

A. 气质和性格都无好坏之分

B. 性格有好坏之分，而气质无好坏之分

C. 气质和性格都有好坏之分

D. 气质和性格有时有好坏之分，有时无好坏之分

10. 在个性中占核心地位的是（　　）。

A. 气质　　B. 性格　　C. 能力　　D. 自我意识

三、填空题

1. 家庭是幼儿最初生活的环境，从出生到________是幼儿性格形成的重要阶段。

2. ________性格特点主要表现在幼儿情绪的不稳定。

3. 幼儿好奇心强的原因和他们的________有关。

4. ________性格特点表现在幼儿喜欢跟同龄人或年龄相近的人交往。

5. 幼儿性格萌芽的发展主要表现在________、独立性、________和________等方面。

四、判断题

1. 爱模仿是幼儿的性格年龄特征，因此成人要鼓励幼儿一味地模仿他人。（　　）

2. 不同气质的人可以形成相同的性格，同一气质的人也可以形成不同的性格。（　　）

3. 性格经常与人的道德品质相关，受到好坏的评价。（　　）

4. 从婴儿期开始，已经能看到幼儿性格的个别差异。（　　）

5. 在幼儿与同伴交往的过程中，合群性在幼儿身上未表现出明显的个体差异。（　　）

五、简答题

1. 幼儿性格发展的主要特征有哪些？

2. 简述幼儿性格的培养方法。

六、案例分析题

1. 幼儿园小班上计算课，作业内容是手口一致地点数“2”。王老师讲完后，带小朋友们一起练习。王老师问一个小朋友：“你数一数，你长了几只眼睛？”小朋友回答：“长了三只。”王老师很生气，就说：“长了四只呢。”这个小朋友跟着说：“长了四只呢。”王老师又说：“长了五只。”小朋友又跟着说：“长了五只。”王老师气得直跺脚，大声说：“长了八只！”小朋友也跟着猛一跺脚说：“长了八只。”王老师忍不住笑了起来，小朋友还以为这次回答正确，也咧开嘴天真地笑了。

分析案例，回答以下问题：

（1）案例中小朋友表现出什么样的心理特点？

（2）案例中王老师的做法对吗？请做简要分析。

2. 奇奇胆子小，上课不主动发言，即便发言，小脸也涨得通红，声音很小，特别害怕失败与挫折。他也不爱与同伴交往，教师和小朋友邀请他时，他总是把头摇得像拨浪鼓似的……

分析案例，回答以下问题：

（1）造成奇奇胆小的可能因素有哪些？

（2）你觉得该怎样帮助奇奇？

第五节　幼儿能力的发展和培养

一、名词解释

1. 能力

2. 一般能力

3. 特殊能力

4. 再造能力

5. 创造能力

二、单项选择题

1. 有的幼儿记忆力强，有的幼儿理解能力好，有的幼儿绘画能力突出，这些差异属于（　　）。

A. 能力类型的差异　　B. 能力发展水平的差异

C. 能力发展早晚的差异　　D. 能力发展的性别差异

2. 智商在（　　）之间称为超常。

A. 90 ～ 110　　B. 110 ～ 130　　C. 70 分以下　　D. 130 ～ 140

3. 布鲁姆认为，（　　）是智力发展的最高点。

A. 13 岁　　B. 15 岁　　C. 17 岁　　D. 19 岁

4. 测得一名幼儿的智商为 60，他属于（　　）儿童。

A. 弱智　　B. 智力超常　　C. 正常　　D. 聋哑盲

5. 吹拉弹唱属于（　　）。

A. 识记技能　　B. 心智技能　　C. 操作技能　　D. 认知技能

6. 直接影响活动效率的因素是（　　）。

A. 气质　　B. 性格　　C. 能力　　D. 兴趣

7. 通过观察别人的行为和活动，再以相同的方式做出反应的能力是（　　）。

A. 一般能力　　B. 创造能力　　C. 模仿能力　　D. 特殊能力

8. 以下选项中，（　　）不属于操作能力。

A. 体育运动能力　　B. 实验操作能力

C. 艺术表现能力　　D. 组织管理能力

9. 学习、研究、理解、概括和分析的能力被称为（　　）。

A. 认知能力　　B. 操作能力　　C. 一般能力　　D. 特殊能力

10. 在幼儿能力发展中，最早表现并逐步发展的是（　　）。

A. 模仿能力　　B. 认知能力　　C. 特殊能力　　D. 操作能力

三、填空题

1. 按活动中能力的功能来划分，可将能力分为认知能力、________和________。

2. 美国心理发展学家霍华德 · 加德纳在 1983 年提出________理论。

3. 延迟模仿大约发生在________个月的幼儿身上。

4. 创造能力具有________、变通性和________的特点。

5. 美国心理学家________根据智力测验结果，将能力分为流体智力和晶体智力。

四、判断题

1. 再造能力是创造能力的基础，任何创造活动都不可能凭空产生。（　　）

2. 学前期幼儿已出现了主导能力的差异，主导能力也称为优势能力。（　　）

3. 人在出生到 18 岁这段时间内，智力发展呈上升趋势，此后智力发展速度减慢，但还会有所升高。（　　）

4. 晶体智力是指获得语言、数学知识的能力，它与社会文化密切相关，决定于后天的学习。（　　）

5. 就活动而言，单一的能力不足以完成某种活动，需要多种能力的结合。（　　）

五、简答题

1. 幼儿能力发展的差异性表现在哪几个方面?

2. 幼儿能力的培养方法有哪些?

第十一章　幼儿的社会性

第一节　幼儿社会性及其发展概述

一、名词解释

1. 社会性

2. 社会性发展

3. 自我概念

二、单项选择题

1. “三军可夺帅，匹夫不可夺志”中“匹夫不可夺志”描述的是（　　）。

A. 道德认识　　B. 道德情感　　C. 道德意志　　D. 道德行为

2. 3 岁的幼儿做了错事，问他为什么这么做，他却很茫然，这主要是因为 3 岁的幼儿（　　）。

A. 不会评价自己的行为　　B. 在行动之前缺乏明确的目的

C. 自我意识还未形成　　D. 不知道该怎么样回答成人

3. 一个人善于控制和支配自己行动指的是意志的（　　）品质。

A. 自制性　　B. 自觉性　　C. 果断性　　D. 坚持性

4. 在幼儿的交往关系类型中，被拒绝型幼儿主要表现出的特点是（　　）。

A. 社会交往的积极性很差

B. 既漂亮又聪明，总是得到教师的特殊关照

C. 长相难看，衣着陈旧，不爱干净

D. 精力充沛，社会交往积极性很高，常有攻击行为

5.（　　）是社会性的基本内容。

A. 自我意识　　B. 性别角色　　C. 人际关系　　D. 社会性规范

三、填空题

1. 意志品质包括________、________、坚持性和________。

2. 个体的道德品质分为________、________、道德行为等。

3. 幼儿的道德情感带有表面化、________、________等特征。

4. 儿童心理学家研究认为，________岁是立规矩的关键期，________岁是培养性格的关键期，________岁是有秩序感的关键期。

5. 社会性发展的内容涉及自我概念、________、意志品质、________、社会情绪和________等。

四、判断题

1. 幼儿的道德认识带有具体性和表面性，往往就事论事。（　　）

2. 幼儿在婴儿期时，基本的社会情绪比较简单，包括哭、笑、恐惧、爱等方面。（　　）

3. 幼儿适应过程的长短各不相同，适应能力的强弱差异很大。（　　）

4. 幼儿社会性发展的好坏，直接关系到幼儿未来人格发展的方向和水平。（　　）

5. 幼儿的社会适应能力分为主动适应、消极适应和假适应三种情况。（　　）

五、简答题

1. 简述教师对幼儿形成自我概念的影响。

2. 简述幼儿道德品质的特点。

3. 简述幼儿社会性发展的意义。

第二节　幼儿人际关系的发展和培养

一、名词解释

1. 人际关系

2. 同伴关系

二、单项选择题

1. 婴儿不能全身心投入眼前的游戏中，总担心母亲离开，母亲离开会使他极度不安。

母亲回来后，婴儿又表现出明显的愤怒，既希望得到母亲的拥抱又会挣扎地拒绝与母亲接触。这是（　　）依恋类型婴儿的表现。

A. 安全型　　B. 回避型　　C. 反抗型　　D. 混乱型

2. 同伴关系的交往，最早可以在（　　）的婴幼儿身上看到。

A. 6 个月　　B. 8 个月　　C. 12 个月　　D. 15 个月

3. 幼儿之间绝大多数的社会交往是在（　　）中发生的。

A. 游戏情境　　B. 语言情境　　C. 社会情境　　D. 家庭情境

4. 婴儿在陌生环境中把母亲作为"安全基地"去探索周围环境，母亲离开时产生分离焦虑，探索活动明显减少。婴儿忧伤时易于被陌生人安慰，但母亲安慰更有效。这是（　　）依恋类型婴儿的表现。

A. 回避型　　B. 安全型　　C. 反抗型　　D. 迟钝型

5. 婴儿极少对母亲不在身边表现出不安，当母亲回到身边时，他们也避免与母亲的相互作用，不理睬母亲与他们交往的表示。这类婴儿的依恋类型是（　　）。

A. 安全型　　B. 回避型　　C. 矛盾型　　D. 混乱型

6. 父母对子女和蔼可亲，善于与子女交流，支持子女的正当要求，尊重子女的需要；同时对子女有一定的控制，常常对子女提出明确而又合理的要求，并给予引导。这种亲子关系属于（　　）亲子关系。

A. 民主型　　B. 专制型　　C. 放任型　　D. 溺爱型

7. 如果母亲能一贯具有敏感、接纳、合作、易接近等特征，其婴儿容易形成的依恋类型是（　　）依恋。

A. 回避型　　B. 安全型　　C. 反抗型　　D. 紊乱型

8. 美国心理学家研究认为，在幼儿的安慰、帮助和同情等能力形成过程中，起决定作用的是（　　）。

A. 父母　　B. 同龄人　　C. 母亲　　D. 教师

9. "清高孤傲，自命不凡"最容易在（　　）亲子关系的家庭中出现。

A. 民主型　　B. 专制型　　C. 独断型　　D. 放任型

10. 幼儿有不知足、不安全、忧虑、退缩、怀疑、不喜欢与同伴交往等特点，是在（　　）教养方式下形成的。

A. 放任型　　B. 专制型　　C. 民主型　　D. 自由型

三、填空题

1. 依恋有三种典型的类型：安全型依恋、________依恋、________依恋。

2. 常见的亲子关系包括四种类型：________、________、放任型亲子关系和________。

3. 同伴相互作用的基本趋势是从________、________到复杂。

4. ________亲子关系对幼儿身心健康发展最为有利。

5. 幼儿的人际关系主要由亲子关系、________和________三部分构成。

四、判断题

1. 3 岁左右的幼儿以独自游戏或平行游戏为主，彼此间没有互动，各玩各的。（　　）

2. 良好的母婴依恋关系的建立可以使婴儿获得安全感与信任感，从而为日后性格的发展打下基础。（　　）

3. 研究表明，三种依恋类型中回避型依恋属于较好的依恋方式。（　　）

4. 专制型父母对子女干预和禁止过多，态度简单粗暴，不允许子女对父母的决定和规定有不同的表示。（　　）

5. 积极良好的同伴关系是幼儿心理健康发展的重要精神环境，有利于幼儿形成自尊、自信、活泼开朗的性格。（　　）

五、简答题

1. 教师如何开展幼儿同伴关系的培养？

2. 简述幼儿人际关系发展的意义。

六、案例分析题

1. 每天睡觉前，倩倩必须把一条粉红色的毯子放在枕头边，她总是把脸贴在小毯子上才愿意入睡。如果哪天小毯子被妈妈洗了还没有干，倩倩就哭闹着不愿意睡觉。就这样持续了很长一段时间，现在她连上幼儿园也要带着她的小毯子。为此，倩倩的妈妈感到困惑，女儿为什么睡觉时需要这条小毯子呢？

请运用幼儿心理发展的有关理论分析案例中倩倩的行为。

2. 丁丁的爸爸妈妈总是担心丁丁和外面的小伙伴一起玩耍会削弱自己家庭教育的作用，因此禁止丁丁与小伙伴们交往。渐渐地，爸爸妈妈发现丁丁越来越沉默，不懂得怎样与人交往，有的时候还非常任性。

请从同伴交往对学前儿童心理发展影响的角度分析丁丁父母的做法。

第三节　幼儿性别行为的发展和培养

一、单项选择题

1.（　　）是幼儿性别行为初步产生的时期，具体体现在幼儿的活动兴趣、同伴选择及社会性发展三个方面。

A. 1 岁左右　　B. 2 岁左右　　C. 3 岁左右　　D. 4 岁左右

2. 在性别角色发展的过程中，5 岁的幼儿可能发生的事情是（　　）。

A. 知道自己的性别　　B. 有明显的自我中心

C. 认为男孩穿裙子也很好　　D. 认为男孩要大胆，女孩要文静

3. 幼儿认为“男孩穿裙子也很好”，反映的是幼儿（　　）。

A. 知道自己的性别，并初步掌握性别角色知识

B. 自我中心地认识性别角色

C. 刻板地认识性别角色

D. 无法判断，因为这是每一阶段都可能出现的问题

4. 幼儿能知道自己的性别，并初步掌握性别角色知识一般在（　　）。

A. 1 ~ 2 岁　　B. 2 ~ 3 岁　　C. 3 ~ 4 岁　　D. 4 岁以后

5. 随着年龄的增长，幼儿先是理解（　　）的性别坚定性。

A. 同性别他人　　B. 导性别他人　　C. 自我　　D. 以上同时

6. 在学龄前期，（　　）幼儿的性别角色和行为，对幼儿的智力发展和性格发展是有益的。

A. 强化　　B. 适当淡化

C. 不考虑　　D. 以上说法都不对

7. 幼儿能够区别一个人是男的还是女的，就说明他已经（　　）。

A. 形成性别角色习惯　　B. 具有了性别概念

C. 产生了性别行为　　D. 对性别角色有明确的认识

8.（　　）是指认识到自己的性别不随环境和衣着的变化而变化，性别不是由个体的外貌或者行动决定的。

A. 性别角色化　　B. 性别认同

C. 性别的稳定性　　D. 性别的恒常性

9.（　　）是幼儿性别行为模仿和认同对象。

A. 玩伴　　B. 兄弟姐妹　　C. 父母　　D. 教师

10. 以下哪项不属于幼儿性别角色的差异？（　　）

A. 身体机能差异　　B. 认知发展差异

C. 情绪性发展差异　　D. 个性发展差异

二、填空题

1. ________岁左右的幼儿已能分辨出照片上人的性别，然而还不能确定自己的性别。

2. 一般幼儿在________岁才能够认识到，一个人的性别在一生中是稳定不变的。

3. 男孩在肌肉动作技能和力量方面占优势，而女孩则在________上占优势。

4. 社会文化因素主要是________，父母的行为对幼儿性别角色和行为起着引导、被模仿和强化的作用。

5. ________是幼儿性别行为的引导者。

三、判断题

1. 研究表明，男孩在言语叙述和操作方面占优势，而女孩则在言语流畅性、读写方面占优势。（　　）

2. 在性别化过程中，男孩比女孩面临更大的社会压力。（　　）

3. 男孩比女孩对异性玩具、游戏和活动的兴趣保持得更久些。（　　）

4. 大多数 2.5 ～ 3 岁的幼儿能正确说出自己是男孩还是女孩。（　　）

5. 男孩在社会活动上对物体和事情更感兴趣，而女孩似乎对人更感兴趣。（　　）

四、简答题

简述幼儿性别行为的影响因素。

第四节　幼儿社会性行为的发展

一、名词解释

1. 幼儿亲社会行为

2. 攻击性行为

二、单项选择题

1. 有些幼儿电视上打打杀杀的镜头看多了，很容易增加其以后的攻击性。在此，影响幼儿攻击性行为的因素主要是（　　）。

A. 挫折　　B. 榜样　　C. 强化　　D. 惩罚

2. 从频率上看，（　　）幼儿攻击性行为的数量逐渐增多。

A. 2 岁之前　　B. 3 岁之前　　C. 4 岁之前　　D. 5 岁之前

3. 在学前儿童的社会性发展中，对学前儿童道德发展最为重要的影响因素是（　　）。

A. 亲子关系　　B. 同伴关系

C. 亲社会行为　　D. 性别角色行为

4. 导致幼儿亲社会行为的根本的、内在的因素是（　　）。

A. 社会文化影响　　B. 移情

C. 性别角色认知　　D. 同伴相互作用

5. 幼儿形成亲社会行为的主要影响因素是（　　）。

A. 社会文化　　B. 电视　　C. 幼儿园　　D. 家庭

6. 在幼儿的亲社会行为中，最常见的是（　　）。

A. 分享行为　　B. 合作行为　　C. 助人行为　　D. 安慰行为

7. 关于攻击性行为的特点，下列选项中，说法不正确的是（　　）。

A. 攻击型幼儿受惩罚时其攻击性行为加剧

B. 惩罚能抑制非攻击型幼儿的攻击性

C. 父母的惩罚本身就给幼儿树立了攻击性行为的榜样

D. 惩罚是抑制幼儿攻击性行为的有效手段

8. 亲社会行为不包括（　　）。

A. 分享　　B. 依恋　　C. 合作　　D. 捐赠

9. 以下选项中，（　　）不利于幼儿亲社会行为的培养。

A. 移情训练法　B. 榜样教育法　C. 游戏教育法　D. 打骂惩罚法

10. 下列选项中，不属于影响幼儿攻击性行为因素的是（　　）。

A. 榜样　B. 强化　C. 移情　D. 挫折

三、填空题

1. 幼儿的社会性行为主要有________和________两种。

2. 攻击性行为分两种：一种是________的攻击，一种是________的攻击。

3. 亲社会行为是一种________、________的行为，与反社会是相对的。

4. ________是培养幼儿亲社会行为的有效手段。

5. ________是幼儿攻击性行为产生的直接原因。

四、判断题

1. 工具性攻击是有意伤害别人的行为，没有任何目的，只是为了自己快乐。（　　）

2. 角色游戏使幼儿有机会学习扮演社会角色，学习成人各类社会角色应有的行为方式。（　　）

3. 个体成长的过程中，亲社会行为具有极大的可塑性。（　　）

4. “人之初，性本善”，因此幼儿的亲社会行为与生俱来。（　　）

5. 幼儿的攻击性行为是特定年龄阶段的特点，是很正常的现象，不会影响幼儿道德行为的发展，因此不必大惊小怪。（　　）

五、简答题

1. 如何培养幼儿的亲社会行为？

2. 如何纠正幼儿的攻击性行为？

六、案例分析题

小南今年 5 岁，上幼儿园大班。妈妈对他总是百依百顺，爸爸对他却非常粗暴。虽然家里的玩具很多，但在幼儿园里小南看到别人玩什么他就要什么，因此经常和小朋友打架。一开始，幼儿园老师非常严厉地批评他，但他仍我行我素，久而久之，谁也不愿意去管他了。小南的妈妈为此感到烦恼。

请根据所学知识，分析小南行为的特点及其成因。